新型职业农民培育系列教材

核桃栽培与病虫害防治新技术

◎ 赵胜超　陈　勇　徐文华　主编

中国农业科学技术出版社

图书在版编目（CIP）数据

核桃栽培与病虫害防治新技术 / 赵胜超，陈勇，徐文华主编 .—北京：中国农业科学技术出版社，2017. 3

ISBN 978 - 7 - 5116 - 2995 - 1

Ⅰ. ①核…　Ⅱ. ①赵…②陈…③徐…　Ⅲ. ①核桃 - 果树园艺②核桃 - 病虫害防治　Ⅳ. ①S664. 1②S436. 64

中国版本图书馆 CIP 数据核字（2017）第 045099 号

责任编辑　白姗姗
责任校对　贾海霞

出 版 者　中国农业科学技术出版社
北京市中关村南大街 12 号　邮编：100081
电　　话　(010)82106638(编辑室)　(010)82109702(发行部)
(010)82109709(读者服务部)
传　　真　(010)82106650
网　　址　http://www. castp. cn
经 销 者　各地新华书店
印 刷 者　北京富泰印刷有限责任公司
开　　本　850mm ×1 168mm　1/32
印　　张　6. 75
字　　数　163 千字
版　　次　2017 年 3 月第 1 版　2017 年 3 月第 1 次印刷
定　　价　28. 90 元

《核桃栽培与病虫害防治新技术》

编 委 会

主　编：赵胜超　陈　勇　徐文华

副主编：石增高　王伟华　仇小宝
　　　　秦关召　李超强　吴　彬
　　　　王亚丽　张丽佳　谢红战
　　　　王俊霞　林艳鸽　李　彬

编　委：张小玲　彭　芬　马果梅
　　　　王够珍　韩建英

前　言

核桃是世界著名的四大干果之王，在我国已有2000多年的栽培历史，历来被称为“木本油料”和“铁秆庄稼”，是我国开发山区首选生态经济树种。我国核桃的传统消费方式以生食和简易加工品为主，如琥珀核桃仁、核桃酥、蜂蜜核桃等风味食品。但随着加工技术的深入发展，市场上开始出现了核桃油、核桃全粉、核桃健脑产品和复合式核桃乳等具有较高附加值的深加工产品，显示了核桃加工业的巨大市场潜力。

本书全面、系统地介绍了核桃种植的知识，包括核桃的概述、核桃主要优良品种选择、核桃树的生长特性及环境要求、核桃苗木培育技术、花果管理技术、核桃栽培园的建立、核桃树整形修剪技术、核桃病虫害防治技术、核桃采收、贮藏与加工技术等内容。

本书围绕大力培育新型职业农民，以满足职业农民朋友生产中的需求。重点介绍了核桃种植方面的成熟技术以及新型职业农民必备的基础知识。书中语言通俗易懂，技术深入浅出，实用性强，适合广大新型职业农民、基层农技人员学习参考。

编　者

2017年2月

目　录

第一章　概　述

第一节　核桃的概况及分布

一、核桃概况

核桃，落叶乔木，核桃科核桃属植物，又名胡桃、羌桃，与扁桃、榛子、腰果并称为世界著名的“四大干果”。全球的核桃属植物约23种，我国有13种，占了其中的56.5%。核桃是我国主要的经济树种之一。

核桃在全球的分布与栽培的范围极广，遍布五十多个国家和地区，如亚洲、欧洲、非洲、澳洲和拉丁美洲五大洲等均有大范围种植，其中亚洲、欧洲及北美洲的栽培面积与产量为最大。

二、我国核桃分布状况

我国核桃栽培的地域遍及全国，且栽培历史悠久。可以说，核桃是我国经济树种中分布最广泛的树种之一。我国以浅山丘陵区为核桃的主要栽培区，其中我国云南省的漾濞核桃主要分布在深山坡麓或沟壑部分。从分布性质看，除西藏自治区（以下简称西藏）吉隆与新疆维吾尔自治区（以下简称新疆）伊犁等地区有部分野生核桃林外，其他省区的核桃种植都是经过多世代种植或引种栽培的人为分布，但漾濞核桃种群主体中的野生铁核桃和用它作砧木嫁接改造成的泡核桃都属于自然分布。

核桃的宏观分布状态，除西藏南部及新疆南疆、辽东半岛核桃栽培区处于相对隔绝和表现间断分布外，其他各地的核桃和铁核桃的分布状态都表现为迤逦相接呈连续状。

我国核桃分布的北界与年平均温度有明显的关系。以甘肃兰州为中心点，东部的北界与年平均温度8℃的等温线非常接近；而西部的北界则与同年平均温度6℃等温线大致吻合。

根据实地考察并参阅相关的文献资料，我国核桃分布区划主要依据地理气候因素、核桃树体生物学特性和社会经济因素3个方面的条件。

（一）地理气候因素

植物学家认为，影响并制约植物分布的首要因素是气候环境，其次就是土壤环境。任何树种的分布，都要受到热量状况的纬度地带性和水分状况的经度地带性的综合影响。通过多因素（纬度、经度、年平均气温、年降水量、海拔、年日照时数、极端最低气温及无霜期8个因子）的主量分析，影响最大的因素是极端低温、纬度、无霜期、海拔和经度。前三者反映的都是气温地带性的因素。

（二）不同生态条件下核桃生长结实表现

核桃物候在不同地区表现不同，即使同一品种在不同地区的产量也有差异，坚果品质也不同。

（三）社会经济因素

我国果用型的核桃几乎都是人为分布的，所以，其生产受经济规律的影响非常大。在核桃栽培良种化之前，一方面核桃结实较晚，坚果产量比较低；另一方面，核桃具有较高的医疗保健价值，产品销售价格相对稳定，同时管理省工，有很强的抗逆性，而且耐贮藏运输。20世纪80年代以后的20年里，核桃的收益相对减少，主要因为核桃的品种化程度比较低，核桃园大多是粗放管理，而核桃产品的加工业落后，质量也不过关，因而经济效益低。到21世纪，随着人们对核桃营养保健价值的认识和生活水平的提高，其需求量逐年增加，销售价格也逐渐上升，核桃栽培的经济效益增长较快。因此，核桃分布区的变化就在其种植大范围消长的情况下受到很大影响。在经济杠杆的作用下，核桃种植业从以前交通条件较差的浅山丘陵地区逐渐转向发达的山区、平原和丘陵。

根据我国核桃的分布现状，分布区划分遵循以下原则。

（1）主要依据地理气候因素。特别是在大的地貌变化（海拔高度、大山南北麓等）影响到气候带和种群生长条件时，更应优先考虑。

（2）照顾行政区域的完整性。作为适应性较强的核桃，属于广域树种。但目前我国的行政区划分并不是完全按照地理气候因素，因此，就会出现分散割裂的小块区域，在实际应用中造成不方便。因此，对气候、地形没有突出差异的地方，可以用划分亚区的办法解决，以尽量照顾行政区域的完整。

（3）适当的栽培规模。分布区的栽培面积与株数必须达到一定规模，如果只是引种试种或有少量栽培面积的地区都不进行区的划分。

第二节　核桃的价值

一、枝叶及树体的作用

核桃树的树叶中含有多种化学成分，除了风干后可以用作饲料外，还具有一定的医疗价值。常被用来治疗伤口、皮肤病及肠胃病等。

核桃树的树干挺立，树体高大，树冠枝叶繁茂，多为半圆形，除了可以吸收二氧化碳和净化空气外，它还有较强的拦截烟尘的能力，所以，常被用作行道树或观赏树。

核桃树根系非常发达，分布深且广，一棵树可以固结大片土壤，缓和地表径流，起到防止冲刷侵蚀的作用，所以，它是绿化荒山、保护水土的优良树种。

核桃树的木材质地细韧，色泽淡雅，花纹美丽，若打磨以后则光泽怡人，所以可以将其染上各种色彩，用来制作高级家具、高档商品包装箱和军工用材及乐器等。

核桃树的枝条除可以用来作薪柴外，近年来经过证明，还有一定的医疗用途。如用枝条和鸡蛋一同煮后吃蛋，或用枝条的制取液加上龙葵全草制成的核葵注射液，对甲状腺癌、宫颈癌等有不同程度的疗效。在中医验方中，核桃树皮可以单独熬水用来治疗瘙痒；如果将其与枫杨树叶一起熬水，还可以治疗肾囊风等。核桃果实青皮里含有单宁，可以制栲胶，用于印染、制革、纺织等行业。此外。核桃青皮中还有某些药物成分，在中医验方中，称之为“青龙衣”，可以治疗一些皮肤病及胃神经病等。

青皮的浸出液可以防治蚜虫和象鼻虫，其残渣含有蛋白质等营养成分，可做家畜饲料。核桃壳还可以制作高级活性炭，或用于油毛毡工业及石材打磨，也可磨碎做肥料。

二、果实的营养、保健与药用价值

（一）营养成分

据测定，核桃的果仁含有异常丰富的营养，每100克干核桃仁中含水分3～4克，含脂肪63.0克，蛋白质15.4克，粗纤维5.8克，碳水化合物10.7克，铁3.2毫克，磷329毫克，钙108毫克，碘1.5毫克，维生素B_2 0.11毫克，胡萝卜素0.17毫克，烟酸1.0毫克。同时，还含有维生素E、钾、锰、锌等元素。就营养成分比较来说，核桃的营养价值是花生的6倍，大豆的8.5倍，肉类的10倍，鸡蛋的12倍，牛奶的25倍（1千克核桃仁相当于5千克鸡蛋或9千克牛奶的营养价值）。

（二）保健与药用价值

作为保健果品的核桃很早就被国内外人们所认识，我国人民称它是“长寿果”“万岁子”，国外称它为“大力士食品”。清代王士雄在其《随息居饮食谱》中评价核桃是“甘温、润肺、益肾、利肠、化虚痰、止虚疼、健腰脚、散风寒、助痘浆、已劳喘、通血脉、补气虚、泽肌肤、暖水脏……果中能品”。其记述深刻而全面。在如今的保健食品中，如果稍微加入一些核桃，其售价就会倍增。

（1）健脑。核桃仁含有大量的不饱和脂肪酸，能促进脑神经细胞的活力并增加脑血管弹力，从而提高大脑的生理功能。同时，核桃含较高的磷脂，可以维护正常的细胞代谢，增强细胞活力，从而防止脑细胞的衰退。在日本，有营养学家倡导学龄儿童每天吃2～3个核桃，对那些焦躁不安、少气无力、厌恶学习和反应迟钝的孩子会有较大帮助。

（2）降低胆固醇。核桃中不饱和脂肪酸的不饱和双键可与其他物质相结合，其中的亚麻酸和亚油酸可以使高密度脂蛋白水平上升，并把胆固醇运送到肝脏进行代谢以排出体外，从而起到降低血液中胆固醇的作用。而且，食用核桃油还可以预防高血压、血脂异常、糖尿病、肥胖症等多种常见的“富贵病”。

（3）美容益寿。核桃中有大量的维生素E，能很好地增强人体细胞的活力，对防止动脉硬化，延缓衰老有独到之处。核桃对每个年龄段的人都有营养保健滋补养生的功能。孕妇在妊娠期间常吃核桃，可促进婴儿身心发育，头顶囟门能提早健康闭合，并有助于胎儿骨骼发育良好；儿童、青少年食用能增强记忆力，保护视力并有利于生长发育；青年食用可使肌肤光润，身体健美，并能减轻因劳动和工作引起的疲劳，使精力易于恢复；中老年人每天适当服用核桃仁能软化血管，减少肠运动对胆固醇的吸收，对预防高血压、冠心病、动脉硬化、血管栓塞等心血管疾病有积极作用，有助于保心养肺，益智延寿。

此外，核桃中还含有大量人体不可缺少的微量元素，如锌、锰、铬等，这几种微量元素与保持心脏的健壮、维持内分泌的正常功能以及人体的抗衰老都有着密切的关系。因为核桃在保健与医疗方面有良好的作用，所以在长期的实践中人们总结出了很多核桃药膳和以核桃为主的治疗药剂。据不完全统计，核桃为主的药剂涉及神经、消化、呼吸、泌尿、生殖等系统以及五官、皮肤等科的十三大类上百种疾病，充分显示了其作为医疗保健食品的广阔发展前景。近年来从核桃油中提炼健脑素工艺的发展，进一步增加了对核桃的需求量。

另据科学调查表明，因为长期食用核桃产品，特别是核桃油，地中海沿岸居民很多健康的身体指标都居世界前列。

三、市场销售情况

核桃是我国人民的传统食品，也是世界各国人民喜爱的食品。多年来，鉴于人类生存环境的恶化，人们对健康与健脑食品的需求递增，核桃一直是世界贸易中的紧俏货，供不应求。据联合国粮农组织预测，核桃目前的全球消费需求量约为 140 万吨，而当前生产量仅为 85 万吨，缺口近 1/3。预测未来 30 年核桃需求量将以年均 10% 的速度增长。

近几年我国核桃的产量稳定在 25 万吨，人均占有量平均不到 0. 2 千克，而市场销售量仅占总产量的 50% 左右，即实际人均消费量不足 0. 1 千克，是美国人均消费量的 1/10 左右。产品严重的供不应求，导致一些地区和一些人群常年吃不上核桃；而同时很多人因对核桃的营养和保健作用认识不足，即使当地不缺他们也没有吃核桃的意识。另外，随着核桃深加工业的兴起，需要大量的核桃作为原料。

由此可见，核桃生产有着广阔的市场前景，尤其是优质核桃生产前景看好。而核桃新品种有极大地增产潜力。据悉，我国某处核桃生产经营管理局的 81 亩* 香玲核桃丰产园，平均亩产量可达 200 千克，其中有 8. 1 亩高产园平均亩产量竟高达 300 千克，产值万元左右。所以，在我国进行核桃的品种化、规范化和集约化栽培具有广阔的发展前景。

* 1 亩≈667 平方米，1 公顷 =15 亩。全书同

第二章　核桃主要优良品种选择

由于中国核桃长期采用实生繁殖和自然授粉，后代变异多样，形成了丰富多彩的种质。据不完全统计，中国各地有名称的核桃类型有500多个，其中不乏具有优良生物学特性、经济性状、生态特性和特异性状的优株和优系。但因过去大多数地区不具备无性繁殖技术，很难保障这些优良性状的稳定遗传，只能把它们作为农家品种或地方品种保留下来。随着核桃嫁接技术的成熟和核桃选育工作的不断加强，各地杂交和选育出许多各具特色的优良品种，为实现核桃良种化和嫁接化提供了有利的技术条件和物质基础，这项技术的突破和推广经过了数十年的历程，逐渐改变了多年实生繁殖的落后状况。实行品种鉴定、品种审定和认定以后，大家对栽培品种的认识得到提高，核桃种植逐步走上了品种规范化和栽植区域化的新阶段，优质丰产栽培技术也得到了同步提高。

第一节　品种的含义、重要性和选用原则

一、品种的含义

世界各核桃主产国都非常注重核桃的良种选育、无性繁殖和选用优良品种，并确定了本国的主要栽培品种。中国近20～30年选育出一批经过省级以上机构鉴定、审定或认定的优良品种、优良株系和优良单株，已在全国推广供各地选用。但是，也有少数未经科学鉴定或审定、认定的所谓“品种”，堂而皇之地作为优种苗木被销售和推广，给生产者造成了一定的损失，

这与人们对品种的认识和理解有一定的关系。

栽培品种是按人类需求选育出的、具有一定适应范围、栽培条件和经济价值的作物群体，并通过无性繁殖保持其优良品种特性，以满足人类需要的农业生产资料。优良栽培品种必须具有以下基本特点。

（1）同一品种个体间的遗传性状（植物学特征、生物学特性、果实性状）相对稳定，有较高的一致性。

（2）具有良好的经济价值和开发前途。

（3）适应一定的生态（土壤、气候、逆境）环境和栽培条件。

（4）需要经过品种比较试验、区域试验及科学鉴定和品种审定（认定）。

二、选用品种的重要意义

中国核桃品种很多，大致可分为实生农家品种（地方品种）、自主选育品种和国外引进品种。实生农家品种是从自然授粉的种子繁殖的后代中，经过多年人工和自然选择形成的各个地方的优良品种，如河北石门核桃、山西汾阳核桃、云南漾濞核桃等。自主选育品种是我国科技工作者按照严格的育种或选种程序，经过杂交或从实生群体中选育出的优良品系，经多年观察、高接、区试、比较、鉴定选育出的品种，如杂交优良品种中的辽宁核桃系列、中林品种系列、山东品种系列和云新系列等。国外引进品种是从其他国家引入我国的核桃优良品种，如从美国引进的强得勒、维纳等，从日本引进的清香，从罗马尼亚引进的塞尔比尔、乔杰优等。

很多品种由于来源、产地、生物学特性和生长结果习性不同，表现出对气候条件、海拔高度、土壤条件以及生长结果特性等方面的要求都有很多差别，因而必须对适栽区域条件和栽培管理技术等方面认真对待，选择适宜的品种。忽视这些基本条件和要求，片面追求结果早、壳皮薄，不注意品种特性要求和适生条件，草率选定品种，可能造成事倍功半甚至全军覆没的结果。例如，将云南泡核桃品种苗木和铁核桃砧木引种到河北，因不能越冬而全部冻死；将要求土层较厚、肥水条件良好、管理技术较高的早实优良品种，种植在土层浅薄、缺肥少水、管理水平差的岗坡次地上，数年后未老先衰，病害严重，产量锐减，坚果品质下降；有些地方不顾当地自然条件、品种特性和技术力量，盲目追求密植（株行距为2米×3米、2米×4米或3米×4米），造成3～5年后行间郁闭，光照恶劣，枯枝增多，病害严重，产量和质量显著下降。这些不顾品种特性和管理条件造成的后果和教训，应该吸取和防范。

三、选用品种的原则

选用核桃品种是发展核桃种植业成功的关键之一。只有最大限度地满足品种特性要求，采取有针对性的管理技术，才能达到优质、丰产、高效的目的。选用品种应遵循以下原则。

（1）必须是经过省级以上品种审定机构通过并公布审（认）定的优良品种。

（2）切实了解品种的生长结果特性、坚果的主要特点及对管理技术的要求，实施良种良法。

（3）了解品种对土壤、气候、地势及管理技术等方面的要求，做到适地适树。

（4）有充分的人力、技术、资金的投入和保障。

（5）根据用途（坚果、果仁、油用、材果兼用等）和市场需求，正确选定适用品种。

第二节　核桃的主要类群和优良品种

一、主要类群

我国根据种子播种后开始结果年龄的早晚将核桃分为“早实核桃类群”和“晚实核桃类群”，另有近年选育的“材果兼用类群”。早实类群是指核桃播种后 1 ~ 2 年即能开花结果，晚实类群需 5 ~ 8 年或更长时间才能结果。但是，二类核桃的嫁接苗开始成花结果的年龄差别不大，故在品种选用上区分二类核桃已无实际意义，而应重点综合考虑品种的生长结果特性和对生态条件、技术条件的需求。为便于理解和适应多年的使用习惯，现仍按上述三大类群（品种群）分类，分别将其主要特性和关注点作一简介。

（一）早实类群

早实类群的共同特点是嫁接苗栽植后 1 ~ 2 年开始成花结果。主要表现为：树体生长缓慢，树体较矮，混合芽形成得早，侧生结果枝比例高。前期产量增长快，进入盛果期较早。但结果枝结果后易早衰，结果部位外移明显，根系分布较浅而广，发育枝生长慢，树冠体积较小。坚果壳薄（ >1.0 毫米），内褶壁和横隔纸质或退化，取仁容易，出仁率较高。缝合线易开裂，不耐漂洗和贮运。要求土层深厚，肥沃度较高，肥水供给及时。应注意调控结果与生长的矛盾，防止树势衰弱，防治夏秋病害，确保枝叶和果实完好率，以延长盛果年龄和单位面积的经济效益。

（二）晚实类群

晚实类群的共同特点是嫁接苗栽后 2 ~ 3 年开始成花结果。根系入土深广，树体生长旺盛，混合芽形成较晚，侧生结果母枝比例较低。树冠体积较大，栽后 3 ~ 4 年结果数量较少，5 ~ 6

年后产量逐渐增加。幼树期易出现长势过旺和结果较少，盛果期和经济寿命较长。要求土层深厚、肥沃度中等，幼树期需要肥水较少，盛果期要适度增施肥水。坚果壳皮较厚（1～1.2毫米），缝合线紧密，耐漂洗和贮藏运输。多数品种坚果内褶壁和横隔纸质，取仁容易。应实施幼树生长期轻剪、控旺、增枝和控制肥水措施，调控生长与结果的矛盾。注意增加行间和膛内光照，以提高前期结果量。

（三）材果兼用类群

多从实生核桃后代中选育而成，主要特点是树体生长快，材质优良，结果较晚。生产目的是以用材为主，结果为辅，材果兼收。主要特点是：树姿直立，干性明显，材质良好；生长迅速，树干通直，分枝较少；适应广泛，抗病力和抗逆性较强；开始结实期不一致，坚果品质不一。该类群兼具材用和果用特点，综合经济效益较高，是城市绿化、农田防护、荒坡利用、公路行道种植的良好树种。

二、主要优良品种

鉴于优良品种很多和篇幅限制，仅选择部分主要的优良品种，按类介绍于后。

（一）早实类群优良品种

1. 杂交育成品种

（1）辽宁1号。辽宁省经济林研究所育成。亲本为河北昌黎大薄皮×新疆纸皮早实，1980年鉴定命名。坚果圆形，平均重9.4克，壳厚0.9毫米，可取整仁，出仁率59.6%。树姿半开张，分枝力强，有抽生二次枝和二次雄花序习性。8年生树高4.8米左右，侧生结果枝率>90%。雄先型。较耐寒、耐干旱，抗病力强。适宜栽植密度3米×4米，适于我国北方土层深厚产区种植（图 2－1）。

图 2－1　辽宁 1 号坚果

（2）辽宁 3 号。辽宁省经济林研究所育成。亲本为河北昌黎大薄皮×新疆纸皮早实，1989 年鉴定命名。坚果椭圆形，平均重 9.8 克，壳厚 1.1 毫米，可取整仁，出仁率 58.2%。树姿开张，分枝力强，可抽生二次枝。树势中等，5 年生树高 3.5 米。1 年生嫁接苗可成花结果，枝条节间短，属短枝型。雄先型。侧生结果枝率 100%。抗病力强。栽植密度和适宜发展地区同辽宁 1 号。

（3）辽宁 4 号。辽宁省经济林研究所育成。亲本为辽宁朝阳大麻核桃×新疆纸皮早实，1990 年鉴定命名。坚果圆形，平均重 11.7 克，壳厚 0.9 毫米，可取整仁，出仁率 59.7%。树姿半开张，分枝力强，侧生结果枝率 90%～100%。5 年生树高 3.7 米，树势中等。雄先型，连续丰产，适应性和抗旱性强，抗寒。栽植密度和适宜发展地区同辽宁 1 号。

（4）香玲。山东省果树研究所育成。亲本为上宋 6 号×阿克苏 9 号，1989 年鉴定命名。坚果圆形，平均重 12.2 克，壳厚 0.9 毫米，可取整仁，出仁率 65.4%。树姿半开张，树势较强，分枝力较强，侧生结果枝率 81.7%，雌花为双生。雄先型。适栽株行距 4 米×4 米。抗黑斑病能力较强，适于肥水条件良好的地区栽培（图 2－2）。

（5）鲁光。山东省果树研究所育成。亲本为新疆卡卡孜×上宋 6 号，1989 年鉴定命名。坚果长圆形，平均重 16.7 克，壳厚 0.9 毫米，可取整仁，出仁率 59.1%。树势中等，树姿开张，

图2－2 香玲坚果

分枝力较强。侧生结果枝率80.8%，雌花为双生。雄先型。适栽株行距4米×5米。不耐干旱，抗黑斑病、枝干溃疡病力较强。适于土层深厚的地区栽培。

（6）鲁香。山东省果树研究所育成。亲本为上宋5号×新疆早熟丰产，1996年鉴定命名。坚果倒卵形，平均重12.7克，壳厚1.1毫米，可取整仁或半仁。树势中等，树姿开张，分枝力强。侧生结果枝率86.0%。雄先型。适宜株行距4米×5米。较抗旱、耐寒、抗病，适于土层深厚、有灌水条件的地区栽培。

（7）寒丰。辽宁省经济林研究所育成。亲本为新疆纸皮早实×日本心形核桃，1992年鉴定命名。坚果长圆形，平均重14.4克，壳厚1.2毫米，可取整仁或半仁，出仁率52.8%。树姿直立或半开张，分枝力强，侧生结果枝率92.3%。7年生树高4.1米。雄先型。孤雌生殖能力较强，雌花盛花期可延迟到5月下旬，避晚霜和春寒能力较强。

（8）中林3号。中国林业科学院育成。亲本为涧9－9－15×汾阳穗状，1989年鉴定命名。坚果椭圆形，平均重11.0克，壳厚1.2毫米，可取整仁，出仁率60%。树势半开张，树势较旺，分枝力较强，侧生结果枝率80%以上。雌先型。耐干旱和土壤瘠薄，也可作果材兼用栽培（图2－3）。

（9）中林5号。中国林业科学院育成。亲本为涧9－11－12×涧9－11－15，1989年鉴定命名。坚果圆形，平均重13.3克，壳厚1.0毫米，可取整仁，出仁率58.0%。树姿较开张，

图 2－3　中林 3 号坚果

分枝力强，侧生结果枝率 80%。雌先型。水肥供应不足时坚果容易变小，要求适度修剪以维持树势。

（10）岱香。山东省果树研究所育成。亲本为辽核 1 号 × 香玲，2003 年鉴定命名。坚果圆形，平均重 13.9 克，壳厚 1.0 毫米，可取整仁，出仁率 58.7%，仁无涩味。树姿开张，侧花芽比率 >95%，多生双果和 3 果。雄先型。果枝短粗，节间短，易丰产，适于平原肥水条件良好的地区栽培。

（11）元林。山东省林业科学研究院育成。亲本为元丰 × 美国品种强特勒，2007 年鉴定命名。坚果长椭圆形，平均重 16.84 克，大果型，壳厚 1.26 毫米，可取整仁，出仁率 55.42%。树姿直立或开张，侧生混合芽率 85%。结果早，易丰产，较香玲核桃晚发芽 5～7 天，有利于避开晚霜危害。

（12）绿香。山东省林业科学研究院和山东省泰安市绿园经济林研究院 2009 年从早实核桃实生苗中选出的鲜食型品种，2009 年通过山东省林业局组织的成果鉴定。青果重 54.53 克，青皮厚 0.58 厘米，坚果壳厚 1.2 毫米，单仁重 8.6 克，坚果干重 12.9 克，出仁率 63.10%，取仁容易。

2. 实生选育品种

（1）晋香。山西省林业科学院从山西祁县核桃良种场实生后代中选出，1991 年鉴定命名。坚果圆形，平均重 11.5 克，壳厚 0.82 毫米，可取整仁，出仁率 63.0%。树势开张，树冠较小，分枝力较强，侧生结果枝率 68.0%。雄先型。较耐寒，耐旱，抗病。适于土层深厚和肥水条件良好的地区栽培。

（2）晋丰。山西省林业科学院从山西祁县核桃良种场核桃实生后代中选出，1990定名并发布。坚果卵圆形，重11.34克，壳厚1.03毫米，可取整仁，出仁率65.0%。树姿开张，树冠较矮，侧生结果枝率83.0%。雄先型。雌花开花较晚，有利于避开晚霜和春寒。适于管理水平和肥水条件较好的地区栽培。

（3）新新2号。新疆林业科学研究院从新疆新和县依西里克乡卡其村实生后代中选出，1990年鉴定命名。坚果长圆形，平均重11.63克，壳厚1.2毫米，可取整仁，出仁率53.2%。树姿直立，树势中等。雄先型。抗旱性和抗病力较强（图2－4）。

图2－4　新新2号坚果

（4）温185。新疆林业科学研究院从新疆温宿县木本粮油林场卡卡孜实生后代中选出，1989年鉴定命名。坚果圆形，平均重15.8克，壳厚0.8毫米，可取整仁，出仁率65.8%。雌先型。树姿开张，树势较强，侧生结果枝率100%。抗逆性、抗病性和抗寒性较强。

（5）薄壳香。北京市农林科学院林业果树研究所从新疆核桃实生后代中选出，1984年鉴定命名。坚果长圆形，平均重12克，壳厚1.0毫米，易取整仁，出仁率60%左右，仁无涩味。树姿开张，分枝力中等，侧生结果枝率70%。雌雄同期开花。较耐干旱和瘠薄土壤，抗病力较强。嫁接成活率和早期产量较其他早实品种低（图2－5）。

图 2 -5　薄壳香坚果

（6）绿波。河南省林业科学院从新疆核桃实生后代中选出，1989 年鉴定命名。坚果卵圆形，平均重 11 克，壳厚 1.0 毫米，可取整仁，出仁率 59%。树姿开张，树势较强，分枝力强，侧生结果枝率 68%。雄先型。较抗旱，耐寒，抗病（图 2 -6）。

图 2 -6　绿波坚果

（7）西林 1 号。西北林学院从新疆核桃实生后代中选出，1984 年鉴定命名。坚果长圆形，平均重 10 克，壳厚 1.16 毫米，可取整仁，出仁率 56%。树姿开张，树势较强，分枝力强，侧生结果枝率 68%。雄先型。较抗旱，耐寒，抗病。

（8）西林 2 号。西北林学院从新疆核桃实生后代中选出，1989 年鉴定命名。坚果圆形，平均重 16.96 克，壳厚 1.21 毫米，可取整仁，仁味甜香。树姿开张，分枝力强，侧生结果枝率 63%。雌先型。适应广泛（图 2 -7）。

（9）陕核 1 号。陕西省果树研究所从陕西扶风县隔年核桃中选出，1989 年鉴定命名。坚果圆形，平均重 14 克，壳厚 1.0 毫米，可取整仁，出仁率 60%。树姿开张，分枝力强，侧生结果枝率 47%。雄先型。较抗病，耐寒，耐旱。

（10）新巨丰。新疆林业科学院从新疆温宿县实生核桃后代中选出，1989 年鉴定命名。坚果椭圆形，平均重 29.2 克，壳厚

图 2-7　西林 2 号坚果

1.38 毫米，可取整仁，出仁率 48.5%，仁味甜香，仁基部不甚饱满。树姿开张，分枝力强，侧生结果枝率 81.1%。雌先型。较耐干旱，耐盐碱。适于水肥条件良好的地区栽培。

（11）岱丰。山东省果树研究所从早实核桃实生后代中选出，2000 年鉴定并命名。坚果长椭圆形，平均重 14.5 克，壳厚 1.1 毫米，可取整仁，出仁率 58.6%，仁无涩味。树姿直立，侧花芽比率 87%。雄先型。多双果和 3 果，结果早。

（12）鲁核 5 号。山东省果树研究所从早实核桃实生后代选出的早实大果型品种，2007 年鉴定命名。坚果长卵圆形，平均重 17.2 克，壳厚 1.0 毫米，可取整仁，出仁率 55.36%。树姿开张，结果枝率 92.3%，侧花芽比率 96.2%，多双果。雌先型。适应性广泛。

（13）赞美。河北农业大学从赞皇县实生大树中选出，2009 年鉴定并命名。坚果长圆形，平均果重 11.30 克，硬壳厚度 1.23 毫米，出仁率 53.6%，种仁中油酸含量较高，种仁颜色黄白，香味浓郁，口感酥脆。抗病力强，抗日灼（图 2-8）。

图 2-8　赞美坚果

（二）晚实类群优良品种

（1）清香。河北农业大学1983年从日本引进，2002年通过河北省科技成果鉴定，2003年通过河北省林木良种审定，2013年通过国家林木良种审定。坚果广椭圆形，平均重14.5克，壳厚1.1毫米，可取整仁，无涩味，出仁率53%。树姿半开张，树势强健，幼树生长旺盛，分枝力中等。雄先型。适宜栽植株行距5米×6米。嫁接苗栽后2～3年成花结果。耐土壤瘠薄，要求肥水条件中等。抗病力强，较耐晚霜，适应能力广泛。在云南、湖北、宁夏、安徽、河南、河北等地生长结果良好（图2－9）。

图2－9　清香坚果

（2）礼品2号。辽宁省经济林研究院从新疆晚实纸皮核桃实生后代中选出，1989年定名并发布。坚果长圆形，平均重13.5克，壳厚0.7毫米，可取整仁，出仁率67.4%。树姿半开张，分枝力较强。雌先型。常有1总苞内有2个坚果现象。较耐寒抗病，适宜栽植株行距4米×5米（图2－10）。

图2－10　礼品2号坚果

（3）晋龙1号。山西省林业科学院从实生核桃后代中选出，1991年定名并发布。坚果近圆形，平均重14.85克，壳厚1.1毫米，可取整仁，出仁率61%。树姿较开张，树势较旺，侧生结果枝率44.5%。高接后3年成花结果。雄先型。适宜株行距5米×6米。抗逆性、耐寒性、耐旱力较强。连续结果力强，适栽地区广泛（图2－11）。

图2－11　晋龙1号坚果

（4）西洛1号。西北林学院从实生核桃后代中选出，1984年定名并发布。坚果近圆形，平均重13克，壳厚1.13毫米，可取整仁，出仁率57%。树姿较直立，树势中等，分枝力强，侧生结果枝率12%。雄先型。耐寒、抗病，适栽地区广泛。

（5）北京746。北京市农林科学院林果研究所从实生核桃后代中选出，1986年定名并发布。坚果近圆形，平均重11.7克，壳厚1.2毫米，可取整仁，出仁率54.7%，仁无涩味。树姿开张，树势较强，分枝力中等，侧生结果枝率10%左右。雄先型。耐土壤瘠薄干旱，避晚霜及春寒危害。连续结果力强，适栽地区广泛。

（6）石门元宝。河北省卢龙县从“石门核桃”群体中选出，2007年鉴定命名。坚果元宝形，平均重14.5克，壳厚1.10毫米，可取整仁，出仁率59.2%，仁香不涩。树姿开张，树势中等。雌先型。抗病力强，耐干旱和土壤瘠薄，适栽地区广泛。

（7）石门硕宝。河北省卢龙县从“石门核桃”群体中选出，2007年鉴定并命名。坚果元宝形，平均重21.15克，属大果型，壳厚1.16毫米，出仁率52.12%，可取整仁，仁香不涩。

树姿开张，树势中等。雌先型。抗病，耐土壤干旱瘠薄，适栽地区广泛。

（8）金薄香6号。选自新疆早实核桃，2012年通过省级品种审定。嫁接苗栽后第2年开始结果，第7年进入盛期。坚果平均重13.0克，果形长圆，壳厚1.3毫米，果面光滑，取仁容易，缝合线紧密，出仁率50.8%，仁乳白色。短果枝结果为主。雄先型。5年生平均株产3.8千克。

（9）西洛3号。西北林学院从洛南晚实核桃实生树中选育而成，1987年通过省级鉴定。坚果圆形，单果平均重14克，壳面较光滑，缝合线紧密。壳皮厚1.2毫米。取仁容易，出仁率56%，仁饱满色浅。树势强健，分枝力中等，结果枝率35%。短果枝结果为主，多3果。抗寒、抗旱和抗病力强，耐土壤瘠薄。

（三）材果兼用类群品种

（1）青林。山东省林业科学院的侯立群和泰安市绿园经济林果树研究所的王钧毅，1996年在泰安市黄前镇邵家庄发现的20余年生材果兼用晚实核桃优株，经过复选和决选，2007年通过省级鉴定并定名，2008年通过部级验收。该品种干性强、生长旺盛、树干通直。33年生树高18.5米，冠径12.0米×10.0米，干高5.96米，干周150厘米。单株材积量1.168立方米，平均每年材积量0.035 4立方米。28年生母树年产坚果96.5千克，实生2代6年平均年产坚果50.5千克。树姿直立，树冠半圆形。分枝力强，侧生混合芽率30%，坐果率80%。发芽晚可躲避晚霜危害，果实成熟期晚（9月下旬），大小年结果明显，未见枝干果实病害。坚果重17.78～20.0克，壳厚2.18～2.50毫米，出仁率40.12%，仁香无涩味。平原地区株距8～10米，行距15～20米，栽植密度50～83株/公顷；山地株距6～8米，行距8～10米。实生后代保持亲本的特性和品质。适宜于城市绿化、农田防护林，林粮间作，材果双收。山东、陕西、新疆、山西等地已引种（图 2 - 12）。

图 2 - 12　青林坚果

（2）鲁核 1 号。山东省果树研究所从新疆早实核桃中选出，1996 年定为优系，经复选和决选（1997—2001 年）发表。10 年生母树高 9.5 米，3 年生树干径平均年增长 2.5 米，树高年平均增长 2.5 米。嫁接苗定植后 2 ~ 3 年开花结果。树势强，生长快，侧生混合芽比率 73.6%。坚果平均重 13.2 克，壳厚 1.2 毫米，出仁率 55%。枝干生长速度快，抗逆性较强，属材果兼用品种。

三、部分优异种质资源

（1）穗状核桃。坚果椭圆形，平均重 10 克左右，壳厚 0.82 毫米，可取整仁，偶有露仁，出仁率 65%，仁味香甜。树姿开张，分枝力中等，每果枝结果 4 个以上。河北、山西、陕西等地有多种类型穗状核桃（图 2 - 13）。

（2）无隔核桃（奇特核桃）。生长在陕西华县金堆镇细川村的叶志刚家中。坚果中等大小，壳薄如纸，内无横隔，极易取仁，历来为当地群众珍爱。

（3）康县裢褡核桃。生长在甘肃康县嘴台乡孙家村苟家坝。坚果扁卵圆形，重 9.8 ~ 10.8 克，可取整仁，仁味香甜。树姿直立，树势强健。同一树上既有裢褡果，也有单果和 2 果愈合成一果。其中裢褡果约占 35%，坚果品质优良（图 2 - 14）。

（4）红瓤核桃。产于陕西城固县双溪乡鲁家沟口村。母树

图 2－13　穗状核桃结果状

百年以上，1960 年发现。坚果近圆形，重 10～13 克，壳厚 1.2 毫米。仁色鲜红，贮藏后呈紫红色，光亮美观。树姿开张，树势较弱。幼叶艳红，成叶变绿但叶脉呈淡粉红色。柱头初开淡红色后变白色。耐寒，抗旱（图 2－15）。

图 2－14　康县䍁褡核桃

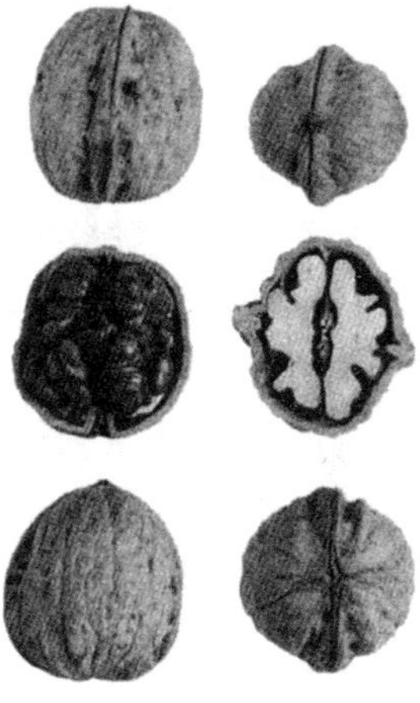

图 2－15　红瓤核桃坚果

（5）白水核桃。产于河南林县、嵩县、栾川、卢氏等地。坚果卵圆形，重 11～14 克，壳厚 1.2～1.5 毫米，品质优良，可取半仁或整仁，出仁率 50% 左右。果实青皮汁液不染手，宜作鲜食核桃开发利用。山西、河北、陕西也有发现。

（6）大核桃。产于陕西镇安县，栽植较普遍。坚果重 23.4 克，果壳较厚，但可取整仁。树姿直立，呈圆锥形，果实成熟较早，产量高。耐寒、抗旱力差，喜肥水。

（7）香核桃。邓烈等选自香核桃实生类群，母树位于四川茂汶县南新乡棉簇村海拔 1 100米的耕地上。1988 年定为优良株系，北京有少量种植。坚果圆形，重约 9.7 克，壳厚 1.4 毫米，可取整仁，出仁率 59.6%，仁有桃香味。树姿开张，产量较低，抗寒性较差，适于我国中南和西南地区生长。

四、从国外引进的核桃品种和美国黑核桃类型

（一）从美国引进的核桃品种

1984 年中国林业科学院林业研究所引入我国 7 个美国优良核桃品种，在辽宁、北京、山东、河南、河北、山西、陕西等地有少量栽培。

（1）爱米格（Amigo）。美国主栽品种。坚果卵圆形，重 10 克，壳面较光滑，缝合线紧密且平，壳厚 1.4 毫米，易取仁，出仁率 52%。树体较小而开张。雌先型。

（2）强特勒（Chandler）。美国主栽品种。坚果长圆形，单果重 11 克，壳厚 1.5 毫米，壳面光滑，缝合线紧密且平，易取仁，仁色浅，出仁率 50%。树体大小中等，较直立。雄先型。侧生混合芽 90% 以上（图 2－16）。

图 2－16　强特勒坚果

（3）哈特雷（Hartley）。美国主栽晚实品种。坚果尖卵形，基部平，顶部渐尖，平均果重 14.5 克，壳面光滑，缝合线紧密且平，出仁率 46%。树体较大，树姿较直立。雄先型。侧生混合芽 20% ~30%（图 2－17）。

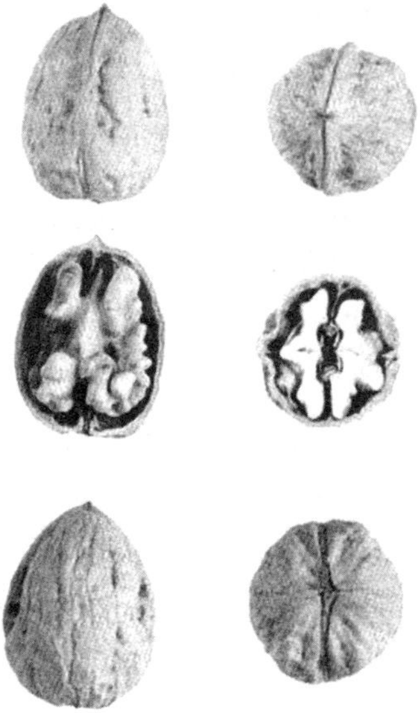

图 2－17　哈特雷坚果

（4）契可（Chico）。坚果长圆形，基部平，顶部圆。平均果重 8 克，壳面光滑，缝合线紧密略宽而突起。壳厚 1.5 毫米，易取仁，出仁率 47%。树体较小，树姿直立，早实型。雄先型。

（5）希尔（Serr）。坚果椭圆形，平均果重 12 克，壳面光滑，壳厚 1.2 毫米，缝合线紧密，易取仁，仁色浅，出仁率 52%。树体中等，树势旺盛。雄先型。

（6）泰勒（Tular）。坚果近圆形，壳面光滑，平均果重 13 克。缝合线紧密且平，易取仁，出仁率 53%。树姿直立，生长势强。侧生混合芽 76%。雄先型。

（7）维纳（Vina）。美国主栽早实型品种。坚果基部平，顶部渐尖。平均果重 11 克，壳面光滑，壳厚 1.4 毫米，缝合线紧密且平，易取仁，出仁率 50%。树体大小中等，生长势强且直立，侧生混合芽 80%。

（二）从日本引进的核桃品种

1983 年河北农业大学从日本引进优良核桃品种清香，2002 年通过省级鉴定，2003 年通过河北省林木良种审定。已在湖北、云南、山东等 20 个省份引种栽培，面积约有 5.3 万公顷。清香核桃是日本核桃育种专家清水直江历经 16 年，从 10 万多株核桃中精选培育出的品质出众的优良品种。1983 年 70 岁的清水直江来华将清香核桃接穗赠送给河北农业大学，他希望这一品种在中国大地开花结果，造福百姓，愿中日睦邻友好世代相传。

坚果卵圆形，外形美观，壳皮光滑，坚果重 14～15 克，缝合线紧密，壳厚 1.1 毫米，易取仁，出仁率 53%。成年清香核桃树体高大，树姿开张。幼树生长旺盛，结果后树势健壮稳定。嫁接苗栽后 2～3 年开花结果。雄先型。双果率 80% 以上。区域适应性和抗病力强。

（三）从罗马尼亚引进的核桃品种

1996—2000 年山西省林业科学研究所从罗马尼亚引进了 5 个避晚霜优良品种。通过 10 多年栽培及区域试验，认为 5 个品种在山西晋中地区具有萌芽期和雌花开放期均晚于晋龙 2 号核桃 5～9 天，适宜于我国北方易发生晚霜危害和高海拔（1 000～1 300米）核桃产区种植。

（1）塞比塞尔（Sibiselprecoce）。晚熟品种。树势和分枝力强。雄先型。较抗寒、抗病，发芽期比晋龙 2 号晚 6 天。坚果平均重 10.9 克，壳面较光滑，壳厚 1.2 毫米，易取仁，出仁率 54.7%。

（2）塞比塞尔 44（Sibisel44）。晚熟品种。树冠塔形，分枝力较强。抗寒、抗病，发芽期比晋龙 2 号晚 15～17 天。坚果卵圆形，平均重 10.9 克，壳厚 1.16 毫米，易取仁，出仁率 51.42%。

（3）奥热斯蒂（Orastia）。晚熟品种。树姿较弱，分枝力较强，雌雄开花同期，萌芽期比晋龙 2 号晚 6 天。坚果桃形，平均重 11.5 克，壳厚 1.19 毫米，易取仁，出仁率 52.4%。

（4）乔杰优 65（Geoagiu 65）。晚熟品种。树势和分枝力均较强，雌先型，较抗寒、抗病，萌芽期比晋龙 2 号晚 9～12 天。坚果长椭圆形，缝合线宽且紧密，平均坚果重 11.7 克，壳厚 1.22 毫米，易取仁，出仁率 56.1%。

（5）吉米塞热（Germisam）。晚熟品种。树势较弱，分枝力较强。雌先型。较抗寒、抗病，萌芽期较晋龙 2 号晚 6 天。坚果卵圆形，壳面光滑，壳厚 1.15 毫米。可取整仁或半仁，出仁率 54.2%。

（四）从美国引进的黑核桃类型

由中国林业科学院林业研究所等单位先后从美国引入我国材用和材果兼用黑核桃 19 个类型，主要有北加州黑核桃魁核桃（J. major）、东部黑核桃（J. nigra）、比尔（Bill）、哈尔（Hare）等。

（五）从朝鲜引进的核桃品种

1998 年通过中朝合作项目，辽宁省经济林研究所引进了在朝鲜曾获金日成特别奖的晚实、抗病核桃安边系列优良品种安边 1 和安边 2。2 个品种表现生长势强，树势开张，冠径大。突出特点是枝条呈红褐色，细软下垂，结果母枝下部枝易成结果枝，顶芽为叶芽。安边 1 短枝占比较低（31%），安边 2 中长枝占比较高（85%）。抗病力均很强，感病率和患病级数都很低，但抗旱能力和抗寒性能较差，1～2 年生幼树需冬季防寒。

第三节　深纹核桃的主要类群和优良品种

深纹核桃（J. sigillata Dode）是法国植物学家道德（Dode）对云南俗称铁核桃的命名，J. sigillata 意为壳面沟纹深刻。云南省的核桃名称很多，在长期的人工选择和生产实践中，将众多类型按坚果壳皮厚度、取仁难易和出仁率分为铁核桃、夹绵核桃及泡核桃 3 个类群（图 2－18）。在各类群中又有很多地方农家品种，3 个类群的共同特点是外壳沟纹深、麻点多。

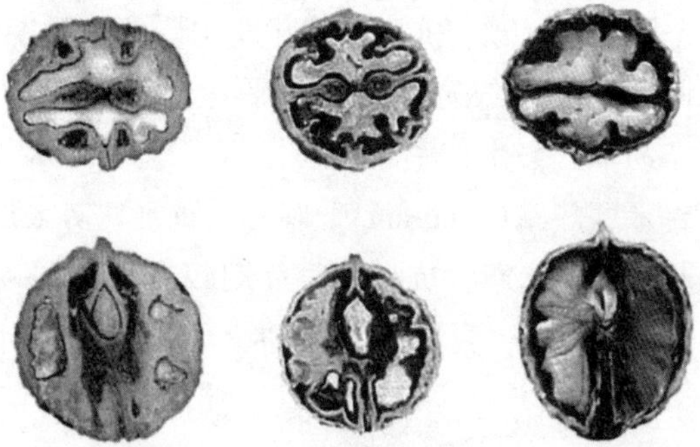

铁核桃　　夹绵核桃　　泡核桃

图 2－18　深纹核桃 3 个类群坚果剖面图

一、主要类群

（一）泡核桃类群

坚果壳厚 1.2 毫米以下、出仁率 46% 以上的核桃称为“泡核桃”。泡核桃横隔及内褶壁纸质，可取整仁或半仁。果仁饱满，黄白色（或紫色和浅琥珀色）。分布在云南各地，栽培广泛，品种较多。

（二）夹绵核桃类群

坚果壳厚 1.2～1.5 毫米、出仁率 30%～46% 的核桃称为“夹绵核桃”。横隔及内褶壁皮质或骨质，可取 1/4 仁或碎仁果，果仁饱满。分布在云南各地，农家品种和优株很多，多为实生后代。

（三）铁核桃类群

坚果壳厚大于1.5毫米、出仁率30%以下，俗称铁核桃。铁核桃内隔及内褶壁骨质，取仁极难，只能取碎仁。仁饱满，黄白色（或紫色和琥珀色）。铁核桃坚果广泛用作播种生产砧木苗，壳皮用作加工制成工艺品。主要分布在云南、贵州、四川，实生后代类型繁多，名称杂乱，多为野生状态存在。

二、主要优良品种和优良无性系

泡核桃类群优良品种

1. 漾濞大泡核桃

又名绵核桃、茶核桃、麻子，原产于云南省大理白族自治州漾濞县。1979年在全国核桃科技协作会上被评为全国优良品种之一，是我国云南、贵州的主栽品种。

该品种树势强，树高可达30米以上，冠幅可达734平方米。单株产果量最高达3.7万个，折合488.4千克。每平方米冠影产仁量340克以上。坚果三径平均为3.6厘米，坚果重8.0～17.1克，壳厚平均0.9毫米；出仁率50%～76.56%（露仁）；果仁饱满，味香，黄白色；脂肪含量76.26%，蛋白质含量17.32%。丰产性好，适应性强（图2－19）。

该品种在漾濞县种植面积占泡核桃面积的80%以上，为云南省泡核桃的主栽品种。主要分布在海拔1 100～2 500米地带，是云南省分布最广、产量最高的泡核桃品种，云南省出口的核桃仁大多出自该品种。

2. 三台核桃

又名拉乌核桃、乌台核桃，主产于云南宾川县拉乌乡和大

结果状　　　　坚果特征

图 2－19　漾濞大泡核桃

姚县三台乡等地。早年称为乌台核桃或拉乌核桃，后定名为三台核桃。在云南分布较广，主要分布在大理、楚雄 2 个州。均为无性系品种。主要分布在海拔 1 500～2 500米。1979 年在全国核桃科技协作会上被评为全国优良品种之一，种植面积仅次于大泡核桃。坚果三径平均为 3. 6 厘米；坚果平均重 11. 6 克，壳厚 0. 8 毫米；出仁率 51. 49%～65. 12%（露仁）；脂肪含量 72. 74%，蛋白质含量 17. 26%（图 2－20）。

结果状　　　　坚果特征

图 2－20　三台核桃

该品种树势强，树高可达 30 米以上，冠幅 636 平方米，单株最高产量 3. 2 万个，折合 329. 6 千克。每平方米冠影产仁量高达 300 克。

该品种适宜于生长在北纬25°、海拔1 000 ~ 2 500米的地带。对立地条件要求较严，易出现早期落果现象。

3. 米甸薄壳核桃

又名短果，主产于云南祥云县、宾川县、大姚县等地，属无性系品种。坚果三径平均为3.1厘米；壳面麻点较少且较浅，缝合线较紧密且稍有隆起；坚果重7.8 ~ 11克，仁重4.2 ~ 6.4克，壳厚0.8毫米，可取整仁，出仁率50.00% ~ 54.88%；仁较饱满，味香，黄白色，脂肪含量68.29%。

4. 云新高原（j. sigillata × j. regia）

云南省林业科学院1979年通过种间杂交育成，1997年通过省级鉴定，2004年通过品种审定。该品种树势强健，树冠紧凑，发中长枝较多，侧生结果枝率49.72%，坐果率78.9%。嫁接苗栽后1 ~ 3年结果，5年进入初盛果期，平均株产3.5千克，每平方米树冠投影产仁0.19千克。适于海拔1 000 ~ 2 400米（北纬20°）的地方栽培，树体矮化，抗早霜，休眠期可耐 -7℃。果实8月上旬成熟。坚果长扁圆形，三径平均为3.64厘米；坚果平均重13.4克，属大果形，壳厚0.95毫米，可取整仁；壳面较光滑，果仁饱满；仁色黄白，出仁率52%（图2 -21）。

5. 云新云林（j. sigillata × j. regia）

云南省林业科学院1979年通过种间杂交育成，1997年通过省级鉴定，2004年通过品种审定。该品种树势较旺，树冠紧凑，发中短果枝较多，侧生结果枝率55.87%，坐果率82.1%。嫁接栽后1 ~ 3年结果，5年进入初盛果期，平均株产3.5千克，每平方米树冠投影产仁0.27千克。适于海拔1 000 ~ 2 400米（北纬20°）的地方栽培，树体矮化，休眠期耐 -7℃。果实8月中下旬成熟。坚果扁圆形，属中等果型，三径平均为3.2厘米，

结果状　　　　坚果特征

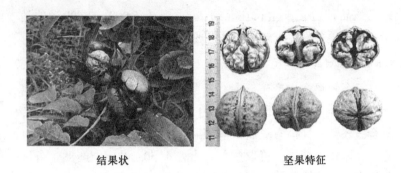

图 2－21　云新高原核桃

坚果平均重 10.7 克，壳厚 0.95 毫米，可取整仁；壳面刻沟较浅，果仁饱满，黄白色，出仁率 55.66%（图 2－22）。

结果状　　　　坚果特征

图 2－22　云新云林核桃

此外，云南省林业科学院 1990—1991 年用三台核桃与新疆早实核桃种间杂交育成云新 301、云新 303 和云新 306 三个品种，2002 年通过省级鉴定，2004 年通过品种认定。3 个新品种均具有早果（栽后 2～3 年结果）、早熟（8 月下旬）、中短果枝结果等特性。并有树体矮化紧凑，侧生结果枝率 85% 以上，壳面光滑，可取整仁，出仁率 60% 左右，耐低温（－7℃）等特点。

6. 漾江 1 号

由云南大理州林业局的杨源从漾濞江流域的实生泡核桃优株中选育出。树势中等，树冠自然开心形。中长结果枝结果，每果枝平均结果2个以上。每平方米冠影产仁量358克。坚果三径平均为3.7厘米；坚果平均重16.5克，壳厚1.0毫米；横隔纸质，内褶壁退化，可取整仁，出仁率达61.94%；果仁饱满，黄白色，味香；脂肪含量73.17%，蛋白质含量16.08%（图2－23）。

该品种适宜北纬25°左右、海拔1 000～2 500米地带种植。生长旺盛，抗逆性强。在立地条件差的地方种植，生长结果情况好于大泡核桃。

结果状　　坚果特征

图2－23　漾江1号核桃

7. 漾江 2 号

坚果三径平均为3.8厘米；坚果平均重17.5克，出仁率46.96%；壳厚1.3毫米；仁含油率66.50%，蛋白质含量10.16%。该品种特点与娘青核桃相近。适宜于海拔1 400～2 600米（北纬25°左右），抗逆性较强，耐较贫瘠土壤。

8. 漾杂 1 号

云南省大理州林业局的杨源用大泡核桃优株与娘青核桃种间杂交培育而成。该品种树势强壮，分枝角度较大，树冠紧凑，内膛充实，多为中长果枝。16 年生树高 11.5 米，冠幅 94 平方米，单株产果 4 763个，折合 74.30 千克，每平方米冠影产仁达 574 克。适宜于北纬 25°左右、海拔 1 000～2 600米地带。坚果三径平均为 3.5 厘米；坚果平均重 15.6 克，壳厚 1.2 毫米左右；可取整仁，出仁率 54.62%；果仁饱满，黄白色；脂肪含量 72.23%，蛋白质含量 11.26%（图 2－24）。

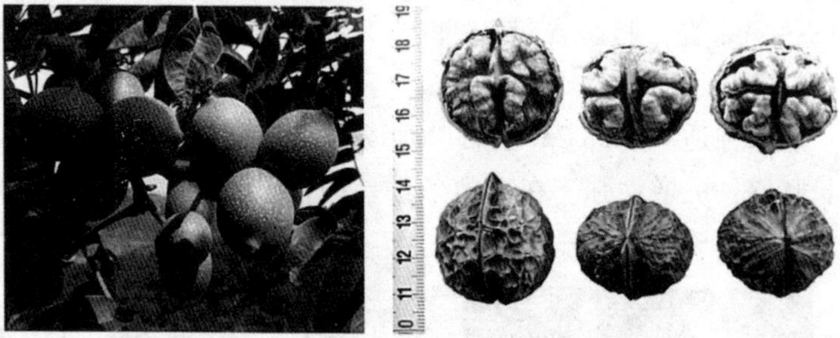

结果状　　　　坚果特征

图 2－24　漾杂 1 号核桃

9. 漾杂 2 号

云南省大理州林业局的杨源用大泡核桃与娘青核桃进行杂交培育而成。该品种树势强壮，分枝角度较小，树冠紧凑，内膛充实，多为中长果枝。16 年生株高 12.4 米，冠幅 66 平方米，单株产果 2 416个，折合 40.26 千克，每平方米冠影产仁达 597 克。适宜于北纬 25°左右、海拔 1 000～2 600米地带，抗逆性强，坐果率高。在立地条件差的地方种植，生长结果情况好于大泡核桃。坚果三径平均为 3.5 厘米；坚果平均重 16 克，大果型；壳厚 1.1 毫米；可取整仁，出仁率 56.56%；果仁饱满，黄白色；脂肪含量 69.74%，蛋白质含量 11.88%（图 2－25）。

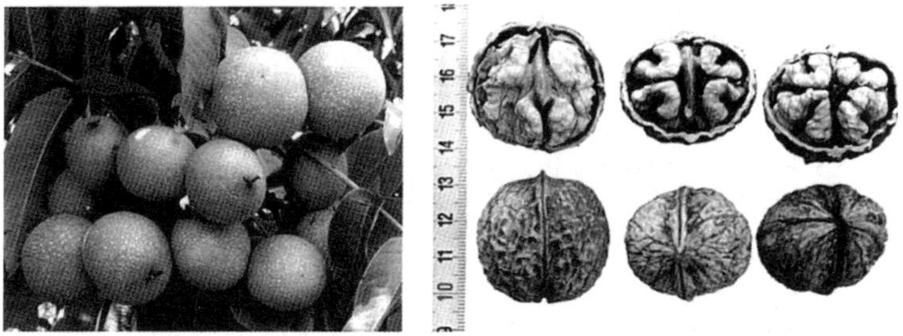

结果状　　　　**坚果特征**

图 2－25　漾杂 2 号核桃

第三章　核桃树的生长特性及环境要求

第一节　根、枝、芽和叶的生长特性

一、根

核桃为深根性树种。其主根发达，侧根水平伸展较远，须根多。一般在条件良好时，成年树主根最深超过 6 米，侧根水平延伸可达 10～12 米。根冠比，即根幅直径/冠幅直径，通常为 2 左右。但在土层较薄而干旱或地下水位高的地方，根系分布的深度和广度都会减小。

核桃根系的生长，与品种类群、树龄及立地条件关系密切。一般而言，早实核桃比晚实核桃根系发达，幼龄树表现尤为明显。据北京林业大学观察，一年生早实核桃树较晚实核桃树根系总数多 1.9 倍，根系总长度多 1.8 倍，细根的差别更大，这是早实核桃树的一个重要特性。发达的根系，有利于对无机盐和水分的吸收，有利于树体内营养物质的积累和花芽的形成，从而实现早结实，早丰产。

核桃树的根系生长与树龄的关系是，幼苗时根比茎生长快。据测定，1 年生核桃树主根长可为主干高的 5 倍以上，2 年生核桃树主根约为主干高的 2 倍，3 年生以后，侧根数量增多，地上部生长开始加速，随着树龄的增长，侧根逐渐超过主根。成年核桃树根系的垂直分布，主要集中在 20～60 厘米深的土层中，约占总根量的 80%；水平分布主要集中在以树干为圆心的 4 米半径范围内，大体与树冠边缘相一致。

核桃树根系的生长和分布状况，常因各地条件的不同而有所差异。据北京林业大学调查，在土壤比较坚实的石砾沙滩地，核桃树根系多分布在客土植穴范围内，穿出者极少。在这种条件下，10 年生核桃树多变成树高仅 2.5 米左右的“小老树”。另据河北农业大学对黄土、红土和红土下为石块的 3 种不同类型土壤的研究发现，核桃根系在黄土下生长最好，12 年生树主根分布深度可达 80 厘米，地上部生长也健壮。以红土下为石块者的地上部生长最差。

此外，已有研究证实，核桃树有菌根，它比正常吸收根短 8 倍，粗 1.3 倍，集中分布在 5 ~ 30 厘米深的土层中。土壤含水量为 40% ~ 50% 时，菌根发育最好。树高、干径、根系和叶片的发育状况，均与菌根的生长发育呈正相关，表明菌根对核桃树体生长具有促进作用。

二、枝

核桃的一年生枝条，可分为营养枝、结果枝和雄花枝 3 种。

（一）营养枝（叶枝、发育枝）

这是只着生叶片，不能开花结果的枝条。依其长度，可分为短枝、中枝和长枝。其中，长枝又可分以下两种：一种是发育枝，由上年叶芽发育而来，顶芽为叶芽，萌发后只抽枝，不结果。此类枝是扩大树冠，增加营养面积和结果枝的基础。另一种是徒长枝，多由树冠内膛的休眠芽（或潜伏芽）萌发而成。徒长枝角度小而直立，一般节间长，不充实。如数量过多，会大量消耗养分，影响树体的正常生长和结果，故生产中应加以控制。

（二）结果枝

结果枝系由结果母枝上的混合芽抽发而成。该枝顶部着生雌花序。按其长度和结果情况，可分为长果枝（大于 20 厘米）、中果枝（10～20 厘米）和短果枝（小于 10 厘米）。健壮的结果枝可以再抽生短枝（尾枝），多数当年可以形成混合芽，早实核桃还可以当年萌发，次年开花结果。

（三）雄花枝

此为只着生雄花芽的弱枝，仅顶芽为营养芽，不易形成混合芽。雄花序脱落后，顶芽以下光秃。雄花枝多着生在老弱树或树冠内膛郁闭处，雄花枝过多是树势过弱的表现。

核桃枝条的生长，受年龄、营养状况、着生部位及立地条件的影响。一般幼树和壮枝一年中可有两次生长，形成春梢和秋梢。春季在萌芽和展叶的同时抽生新枝。随着气温的升高，枝条生长加快，于 5 月上旬（北方地区）达旺盛生长期，6 月上旬第一次生长停止。此期，枝条生长量可占全年生长量的 90%。短枝和弱枝一次生长结束后即形成顶芽，健壮发育枝和结果枝可出现第二次生长。秋梢顶芽形成较晚。旺枝在夏季则继续生长或生长缓慢，春秋梢交界处不明显。二次生长现象，随年龄增长而减弱。一般来说，二次生长往往过旺，木质化程度差，不利于枝条越冬，应加以控制。幼树枝条的萌芽力和成枝力，常因品种（类型）而异。一般早实性核桃，40% 以上的侧芽都能发出新梢，而晚实核桃只有 20% 左右。需要注意的是，核桃背下枝吸水力强，生长旺盛，这是不同于其他树种的一个重要特性，在栽培中，应注意对此加以控制或利用。否则，会造成“倒拉枝”，使树形紊乱，影响骨干枝生长和树下耕作。

三、芽

根据其形态、构造及发育特点，可将核桃芽分为混合芽、叶芽、雄花芽和潜伏芽四大类。

（一）混合芽

混合芽，芽体肥大，近圆形，鳞片紧包，萌发后抽生枝、叶和雌花序。晚实核桃的混合芽，着生在一年生枝顶部1～3个节位处，单生或与叶芽、雄花芽上下呈复芽状态，着生于叶腋间。早实核桃除顶芽为混合芽外，其余2～4个侧芽（最多可达20个以上）也多为混合芽。

（二）叶芽（亦称营养芽）

叶芽萌发后只抽生枝和叶，主要着生在营养枝顶端及叶腋间，或结果枝混合芽以下，单生或与雄花芽叠生。早实核桃叶芽较少。叶芽呈宽三角形，有棱，在一条枝上以春梢中上部叶芽较为饱满。一般每芽有5对鳞片。

（三）雄花芽

雄花芽萌发后形成雄花序，多着生在一年生枝条的中部或中下部，数量不等，单生或叠生。形状为圆锥形，是裸芽。

（四）潜伏芽（又叫休眠芽）

潜伏芽属于叶芽的一种，在正常情况下不萌发，当受到外界刺激后才萌发，成为树体更新和复壮的后备力量。主要着生在枝条的基部或下部，单生或复生。呈扁圆形，瘦小，有3对鳞片。其寿命可达数十年之久。

四、叶

核桃叶片为奇数羽状复叶，其数量与树龄和枝条类型有关。正常的一年生幼苗，有16～22片复叶，结果初期以前，营养枝上的复叶有8～15片，结果枝上复叶有5～12片。结果盛期以后，随着结果枝的大量增加，果枝上的复叶数一般为5～6片，内膛细弱枝只有2～3片，而徒长枝和背下枝可多达18片以上。复叶上着生的小叶数，依不同核桃种群而异。核桃种群的小叶数为5～9片，泡（铁）核桃种群的小叶数为9～11片。小叶由顶部向基部逐渐变小，在结果盛期树上尤为明显。

核桃树复叶的多少与质量，对枝条和果实的发育关系很大。据观测，着双果的核桃树枝条要有5~6片以上的正常复叶，才能保证枝条和果实的发育，并保持连续结实。低于4片的，尤其是只有1~2片叶的果枝，难以形成混合芽，且果实发育不良。

第二节　开花特性

一、雌、雄花芽分化时期

核桃由营养生长向生殖生长的转变，是一个复杂的生物学过程。开花结实的早晚，受遗传物质、内源激素、营养物质以及外界环境条件的综合影响。不同类群核桃，开始进入结果期的年龄差别很大。例如，早实核桃在播种后2~3年即开花结果，有的甚至播种当年即可开花；而晚实核桃则在8~10年生时，才开始开花结实。不过，适当的栽培措施，如嫁接繁殖，可以使核桃树提早开花结实。

在多数地区，4月下旬至5月上旬，核桃树就已形成了雄花芽原基；5月中旬，雄花芽的直径达2~3毫米，表面呈现出不明显的鳞片状；5月下旬至6月上旬，小花苞和花被的原始体形成，可在叶腋间明显地看到表面呈鳞片状的雄花芽；到翌年4月，雄花芽迅速发育完成，并开花散粉。

核桃雌花芽的分化，包括生理分化期和形态分化期。据河北农业大学观察，核桃雌花芽的生理分化期，约在中短枝停止生长后的第3周开始，到第4~6周为生理分化盛期，第7周即基本结束。在华北地区，核桃雌花芽分化的时间，为5月下旬到6月下旬。生理分化期，也称为花芽分化临界期，是控制花芽分化的关键时期。此时，花芽对外界刺激反应敏感。因此，可以人为地调节雌花的分化。如在枝条停长之前，通过修剪措施，如摘幼叶、环剥、调节光照、少施氮肥、减少灌水和喷洒生长延缓剂等，以控制生长，减少消耗，增加养分积累，调节内源激素的平衡，从而促进雌花芽的分化。相反，如需树势复壮，则可采取有利于生长的措施，如多施氮肥和去掉部分老叶等，则可抑制雌花分化，促进枝叶生长。

雌花芽的形态分化，是在生理分化的基础上进行的，整个分化过程约需 10 个月才能完成。据河北农业大学在保定观察，雌花芽开始分化期为 6 月中下旬到 7 月上旬，雌花原基出现期为 10 月上中旬，冬前在雌花原基两侧出现苞片、萼片和花被原基，以后进入休眠停止期。翌年 3 月中下旬，继续完成花器各部分的分化，直到开花。早实核桃二次花分化，从 4 月中旬开始，5 月下旬分化完成，二次花距一次花 20 ~ 30 天。形态分化期需消耗大量的营养物质，故应及早供给和补充养分。因此，掌握雌花形态分化期，对核桃丰产具有重要意义。

二、雌、雄花开放特点

核桃一般为雌雄同株异花。但在从新疆引种的早实核桃幼树上，也发现有雌雄同花现象，不过，雄花多不具花药，不能散粉；也有的雌雄同序，但雌花多随雄花脱落。上述两种特殊情况，基本上没有生产意义。核桃雄花序长 8 ~ 12 厘米，偶有 20 ~ 25 厘米长者。每个花序着生 130 朵左右的小花，多者达 150 朵，每序可产生花粉约 180 万粒或更多，重 0.3 ~ 0.5 克。而有生活力的花粉约占 25%。当气温超过 25℃时，会导致花粉败育，降低坐果率。雄花春季萌动后，经 12 ~ 15 天，花序达一定长度，小花开始散粉，其顺序是由基部的小花逐渐向顶端开放，2 ~ 3 天后散粉结束。散粉期如遇低温、阴雨和大风等，会对授粉受精不利。雄花过多，消耗养分和水分过多，会影响树体生长和结果。试验和生产实践表明，早期疏雄（除掉雄芽或雄花约90%）有明显的增产效果。

核桃雌花可单生或2~4朵簇生，有的品种或类型的雌花有小花10~15朵，呈穗状花序，如穗状核桃。雌花初显露时，为幼小子房露出，二裂柱头抱合，此时无受精能力。经过5~8天，子房逐渐膨大，羽状柱头开始向两侧张开，此时为始花期。当柱头呈倒“八”字形时，柱头正面突起，且分泌物增多，为雌花盛花期。此时接受花粉的能力最强，为授粉最佳时期。经3~5天以后，柱头表面开始干涸，授粉效果渐差。之后，柱头逐渐枯萎，失去受精能力。

核桃雌雄花的花期不一致，称为“雌雄异熟”性。雄花先开者叫“雄先型”，雌花先开者叫“雌先型”，雌雄花同时开放者为雌雄同熟型，但这种情况较少。各种类型因品种不同而异。多数研究认为，以同熟型的产量和坐果率为最高，雌先型次之，雄先型最低。故建园时就要考虑苗木品种异熟类型的搭配问题。

授粉品种应占主栽品种的1/10~1/8。

核桃一般每年开花一次。早实核桃有二次开花结实的特性。二次花着生在当年生枝顶部。花序有三种类型：第一种是雌花序，只着生雌花，花序较短，一般长10~15厘米；第二种是雄花序，花序较长，一般为15~40厘米，对树体生长不利，雄花序过多时应及早去掉；第三种是雌雄混合花序，下半序为雌花，上半序为雄花，花序最长可达45厘米，一般不易坐果。此外，早实核桃还常出现两性花：一种是雌花子房基部着生雄蕊8枚，能正常散粉，子房正常，但果实很小，早期脱落；另一种是在雄花雄蕊中间着生一个发育不正常的子房，多早期脱落。二次雌花多在一次花后20~30天时开放。二次雌花如能坐果，其成熟期与一次果培育的相同或稍晚，果实较小，用作种子也能正常发芽。用二次果培育的苗木，与用一次果培育的苗木无明显差异。

核桃花期的早晚，受春季气温的影响较大。如云南漾濞的核桃花期较早，多为3月上旬雄花开放，3月下旬雌花开放；北京地区的核桃雌、雄花开放始期为4月上旬；而辽宁旅大核桃的花期颇晚，5月上旬才是雌、雄花开放始期。即使同一地区，不同年份，花期也有变化。对一株树而言，雌花期可延续6～8天，雄花期可延续6天左右。一个雌花序的盛期一般为5天，一个雄花序的散粉期为2～3天。

三、核桃的授粉特性

核桃系风媒花。花粉传播的距离与风速、地势等有关，在一定距离内，花粉的散布量随风速增加而加大，随距离的增加而减少。据研究报道，最佳授粉距离在距授粉树100米以内，超过300米，几乎不能授粉，这时需进行人工授粉。花粉在自然条件下的寿命只有5天左右。据测定，刚散出的花粉生活力高达90%，放置一天后降至70%，在室温条件下，6天后全部生活，即使在冰箱冷藏的条件下，采粉后12天，生活力也下降到20%以下。在一天当中，以9～10时，15～16时给雌花授粉效果最佳。

核桃的授粉效果，与天气状况及开花情况有较大关系。多年经验证明，凡雌花期短，开花整齐者，其坐果率就高；反之则低。据调查，雌花期为5～7天者，坐果率高达80%～90%；8～11天者，坐果率在70%以下；12天者，坐果率仅为36.9%。花期如遇低温阴雨天，则会明显影响正常的授粉受精活动，降低坐果率。

有些核桃品种或类型不经授粉，也能结出有生活力的种子，这种现象称为孤雌生殖。对此，国内外均有报道。河北省涉县林业局于1983年观察发现，不同园片的核桃树，孤雌生殖率可达4.08%～43.7%，且雄先型树高于雌先型树。国外有研究者曾观察了38个中欧核桃品种在9年中的表现，其中有孤雌生殖表现者占18.5%。此外，用异属花粉授粉，或用吲哚乙酸、萘乙酸及2,4-D等处理，或用纸袋隔离花粉，均可使核桃结出有种仁的果实。这表明，不经授粉受精，核桃也能结出一定比例的有生殖能力的种子。这对核桃生产和科研有一定的利用价值。

第三节　果实生长发育特性

一、生长发育规律

从核桃雌花柱头枯萎，到核果青皮变黄开裂、果实成熟的整个过程，称为核桃的果实发育期。果实发育期的长短，因生态条件的变化而异，一般南方地区为170天左右，北方地区为120天左右。核桃果实发育大体可分为4个时期（以中部产区为例）。

（一）果实速长期

一般从5月初到6月初的30~35天，是核桃果实生长最快的时期，其体积生长量约占全年总生长量的90%，重量则占70%左右。

（二）果壳硬化期

亦称硬核期。从6月初到7月初，约35天。坚果核壳自果顶向基部逐渐变硬，种仁由浆状物变成嫩白核仁，营养物质也迅速积累。至此，果实大小已基本定型。

（三）油脂迅速转化期

油脂迅速转化期，从7月初到8月下旬，共50~55天，为坚果脂肪（即油）含量迅速增加期，脂肪含量可由29.24%增加到63.09%。同时，核仁不断充实，重量迅速增加，含水率下降，风味由甜淡变成香脆。

（四）果实成熟期

果实成熟期，从8月下旬至9月上旬，共15天左右。果实各部分已达该品种应有的大小，坚果重量略有增加，青果皮由绿变黄，有的出现裂口，坚果易脱出。据研究，此期坚果含油量仍有较多增加，为保证品质，不宜过早采收。

泡核桃的果实，发育也同样划分为上述4个时期，其中果实速长期需60～70天，果壳硬化期约需20天，油脂转化期需53～57天，果实成熟期需12～16天。果实纵径、横径与棱径的生长速度基本一致。5月生长最快，6月中下旬开始减缓，果实大小基本定型。果实重量的增长和体积的增长，速率也趋于一致。

二、落花落果特点

核桃雌花末期，子房未经膨大而脱落者为落花；子房发育膨大，而后脱落者为落果。一般来说，核桃多数品种或类型，落花较轻，落果较重，但也有落花现象严重的。落花率常因品种或类型而异。一些品种落花率，可达50%以上，最高可达90%左右。

核桃落果，多集中在柱头干枯后的30～40天内。尤其是果实速长期落果最多，称为"生理落果"。核桃的自然落果率可达30%～50%。不同品种或单株间，通常落果率差异较大，多者达60%，少者不足10%。核桃落果的原因，往往与受精不良、营养不足、花期低温和干旱等有关。针对落果原因，结合核桃生物学特性，在加强土、肥、水管理的基础上，进行花期叶面喷肥（加硼酸0.2%～0.3%），人工辅助授粉和疏除过多雄花等，均有利于提高核桃坐果率。

第四节　对环境条件的要求

核桃在我国的分布范围相当广泛，在北纬21°～44°，东经

75°～124°间都有栽培或种植，但主要分布在暖温带和北亚热带。核桃的适应性较强，对环境条件的要求不甚严格。其生存的主要生态条件为：年平均气温从2℃（西藏拉孜）到22.1℃（广西百色极端最低气温从－40℃（新疆伊宁）到5.4℃（四川绵阳）；极端最高气温从27.5℃（西藏日喀则）到47.8℃（新疆吐鲁番）。年降水量从12.6毫米（吐鲁番靠灌溉）到1 518.8毫米（湖北恩施）；无霜期从90天（拉孜）到300天（江苏中部）；垂直分布从海平面以下（新疆吐鲁番）到海拔4 200米（西藏拉孜县徒庆林寺）；土壤种类更为多样。然而，核桃对适生条件的要求却比较严格，超出适生范围，虽能生存，但生长结实不良，不能形成产量，没有栽培意义。适生条件因地而异，分别如下。

一、海拔高度

北方地区，核桃多栽培在海拔1 000米以下的地方；秦岭以南，核桃多生长在海拔500～1 500米；陕西省洛南地区，核桃在海拔700～1 000米处生长良好；云南、贵州地区，核桃在海拔1 500～2 000米生长良好，其中云南省漾濞地区，以海拔1 720～2 100米为泡核桃的适生区。而辽宁西南部，核桃则适于在海拔500米以下的地方生长，高于500米，由于冬季寒冷，表现出生长不正常。

二、温度

核桃属于喜温树种。普通核桃适宜生长的温度范围及有霜期为：年平均温度为9～16℃，极端最低温度为－25℃，极端最高温度为35～38℃，有霜期在150天以下。核桃在休眠期，幼树在－20℃条件下可出现冻害。成年核桃树虽能耐－30℃低温，但低于－28～－26℃时，枝条、雄花芽及叶芽，均易受冻害。在新疆的伊宁和乌鲁木齐，极端最低气温达到－37～－34℃时，核桃不能结果，多呈小乔木或灌丛状生长。展叶后，如温度降

到 -4 ~ -2℃时，新梢可被冻坏。在花期和幼果期，气温下降到 -1 ~ 2℃时，则受冻减产。在温度超过 38 ~ 40℃时，果实易受日灼伤害，核仁难以发育，常形成空苞。泡核桃只适应于亚热带气候条件，耐湿热，不耐干冷。对温度的要求是：年平均气温为 12.7 ~ 16.9℃，最冷月平均气温为 4 ~ 10℃，极端最低温度为 -5.8℃，过低难以越冬。如引种到北京地区，播种苗到三至四年生时，如不防寒，冬季会连根冻死。各主要核桃产区的气候条件如下表所示。

表 各主要核桃产区的气候条件

地区	年平均气温（℃）	极端最低气温（℃）	极端最高气温（℃）	年降水量（毫米）	年日照量（小时）
新疆库车	8.8	-27.4	41.9	68.4	2 999.8
陕西咸阳	11.1	-18.0	37.1	799.4	2 052.0
山西汾阳	10.6	-26.2	38.4	503.0	2 721.7
河北昌黎	11.4	-24.6	40.0	650.4	2 905.3
辽宁大连	10.3	-19.9	36.1	595.8	2 774.4
云南漾濞	16.0	-2.8	33.8	1 125.8	2 212.0

三、光照

核桃属于喜光树种。在年生长期内，日照时数与强度，对核桃生长、花芽分化及开花结实，有重要的影响。进入盛果期后更需要有充足的光照条件，全年日照时数要求在 2 000小时以上，才能保证核桃的正常生长发育，低于 1 000小时，则核壳、核仁均发育不良。特别是雌花开放期，若光照条件良好，则坐果率明显提高。如遇阴雨、低温，则易造成大量落花落果。例如，新疆早实型核桃产区阿克苏和库车地区，因光照充足，年日照量均在 2 700小时以上，生长期（4—9 月）的日照时数在 1 500小时以上，因而核桃产量高，品质好。同样，凡核桃园边缘植株均表现生长良好，结果多。同一植株，也是外围枝条比内膛枝条结果多，品质好。这些均为光照条件好所致。因此，生产中应注意栽植密度和适当修剪，不断改善树冠内的通风、透光条件。

四、土壤

核桃为深根性树种，根系需要有深厚的土层（大于 1 米），以保证其良好的生长发育。土层过薄，易形成“小老树”，或连年枯梢，不能形成产量。核桃对土壤质地的要求是，结构疏松，保水透气性好，故适于在砂壤土和壤土上种植。黏重板结的土壤或过于瘠薄的砂地上，均不利于核桃的生长和结实。核桃对土壤酸碱度的适应范围是 pH 值 6.2 ~ 8.2，最适范围是 pH 值 6.5 ~ 7.5，即在中性或微碱性土壤上生长最佳。土壤含盐量在 0.25% 以下，稍微超过即对生长结实有影响。含盐量过高则导致死亡。氯酸盐比硫酸盐危害更大。核桃喜肥。据分析，每收获 100 千克核桃，要从土壤中吸收 2.7 千克纯氮。另据报道，氮肥可以提高出仁率，磷、钾肥除增加产量外，还能改善核仁的品质。但应注意，氮肥稍有过量，就会延长生长期，推迟果实成熟和新梢停长时间，不利于安全越冬。增施农家肥和压绿肥，有利于核桃的生长和结果。

五、水分

核桃的不同种群和品种，对降水量的适应能力有很大差异。如云南泡核桃分布区的年降水量为 800 ~ 1 200 毫米时，泡核桃生长良好，干旱年份则产量下降。而新疆早实核桃，由于长期适应当地的干燥气候，若引种到降水量为 600 毫米以上的地区，则易罹病害。一般来说，核桃可耐干燥的空气，但对土壤水分状况却比较敏感。土壤过旱或过湿均不利于核桃的生长和结实。土壤干旱，阻碍根系吸收和地上部蒸腾，干扰正常新陈代谢过程，造成落花落果，乃至叶片凋萎脱落。土壤水分过多或长期积水，造成通气不良，使根系呼吸受阻，严重时窒息、腐烂，从而影响地上部的生长和发育。秋雨频繁，常引起果实青皮早裂，坚果变褐。因此，山地核桃园需设置水土保持工程，以涵养水分；平地、洼地则应解决排水问题。核桃园的地下水位应在地表 2 米以下。

六、坡向和坡度

核桃适于生长在背风向阳处。山坡基部土层深厚，水分状况良好，因而比山坡中部和上部生长结果好。云南省漾濞核桃试验站调查表明，同龄植株，立地条件一致而栽植坡向不同，生长结果有明显的差异，表现在阳坡树的新梢生长量、结果数量等，明显高于半阳坡和阴坡树。

坡度大小主要通过影响土壤冲刷程度，而影响核桃生长。坡度越大，径流量越大，流速越快，水肥冲蚀量也越大。一般来说，坡长与径流量呈负相关，与冲蚀量呈正相关。因此，核桃适于定植在 10°以下的缓坡地带。坡度再大时，应修筑等高的水保工程（水平窄带梯田等）。

第四章　核桃苗木培育技术

我国传统的核桃栽培多采用实生繁殖的苗木，由于实生苗木遗传基础比较复杂，后代分离较大，不同单株间表现差异很大，结果期早晚可相差3～4年，甚至7～8年，产量相差几倍甚至几十倍，坚果品质差异更大。现代核桃栽培大都采用优良品种嫁接苗建园，明显缩短了结果年限，提高了产量和品质。核桃嫁接繁殖的主要优点：一是能很好地保持母体的优良性状，迅速扩大繁殖优良品种或优系，加速实现核桃良种化。二是能显著提高产量，改善品质。目前我国实生核桃结果树平均株产量只有2千克左右，每亩平均产量不足50千克。用嫁接苗建园，5年生核桃树每亩产量可达150千克以上。此外，实生核桃树群体坚果品质混杂，良莠不齐，商品价值低；采用嫁接繁殖，其群体后代坚果品质基本一致，可保证优种优质，满足内销外贸的要求。三是能提早结果。实生繁殖的核桃树一般结实较晚，晚实型实生核桃8～10年开始结果，早实型实生核桃需3～4年开始结果；而嫁接的晚实型核桃只需3～5年便可结果，早实型核桃一般在翌年即可结果。四是有助于矮化密植栽培。利用矮化砧木可使树体矮化，而矮化栽培则是实现果树集约化经营的重要途径。五是可充分利用核桃种质资源。我国核桃资源丰富，野生砧木种类多，分布广，利用这些野生资源嫁接核桃，可达到生长快、结果早、延迟早实核桃早衰和扩大核桃栽培区域的目的。

第一节　砧木苗的培育

砧木苗是指利用种子繁育而成的实生苗，或选育出具有特殊性状无性繁殖的专用砧木苗。砧木的质量和数量直接影响嫁接成活率及建园后的经济效益。

一、我国核桃砧木种类及特点

我国嫁接核桃砧木种类主要有核桃、铁核桃、核桃楸、野核桃、麻核桃、吉宝核桃、心形核桃和美国黑核桃 8 种，目前应用较多的为核桃。此外，南方地区由于降水量大、湿度高，有的用核桃属植物枫杨作核桃砧木。

（一）核桃

以核桃作砧木（也称共砧或本砧），嫁接亲和力强，成活率高，核桃树生长和结果良好，在国外还表现有抗黑线病的能力，目前我国北方地区普遍采用。但生产中应注意种子来源尽可能一致，以免后代个体差异太大，影响嫁接品种的生长发育。

（二）美国黑核桃

生产上用量较少，据有关研究单位试验，用美国黑核桃中的奎核桃嫁接亲和力强，核桃树生长结果良好。用黑核桃作砧木嫁接核桃的主要优点是根系发达，耐旱、固肥能力高，嫁接后能达到高产优质效果；黑核桃生长量大，可缩短核桃育苗周期，提高核桃嫁接苗质量；采用黑核桃作砧木嫁接核桃良种，既可克服根腐病、根颈腐病、树干溃疡病、根结线虫病等病害，又可提高对土壤黏重和盐碱的适应能力；东部黑核桃可耐受 -43℃的低温，嫁接核桃后可提高植株的耐寒能力，特别适宜在山西、陕西、河北、宁夏回族自治区（以下简称宁夏）、吉林、甘肃北部、内蒙古自治区（以下简称内蒙古）南部以及辽宁、北京、天津、青海、新疆、西藏等地作核桃的优良砧木。

（三）优良砧木品种

中国林业科学院林业研究所选育的核桃砧木新品种“中宁奇”“中宁强”“中宁盛”（2013 年通过河南省林木新品种审定），与核桃优良品种嫁接亲和力强，嫁接成活率高，结果早，产量高，抗性强。嫁接早实核桃品种抗早衰性明显，而且抗旱、抗寒、耐瘠薄，还可改善核桃果实口感。压条繁殖技术简单，繁殖系数高，是应用潜力较大的核桃优良砧木。同时，这 3 种砧木生长量大，树形美观，也是良好的用材树种和优美的园林树种。

二、苗圃地建立

培育优良核桃苗，满足生产用苗，需因地制宜建立育苗圃。各地为了保证苗木品种的先进性和纯正性，应建立优良品种接穗圃、育苗基地圃和砧木种子生产圃，以确保培育优质壮苗。

（一）苗圃地选择

苗圃地选择是育苗成败的基础。苗圃地应选择地势平坦开阔且便于排灌和耕作的地方。低洼闭塞、易于聚积冷空气的风口和谷地，不宜作苗圃地。苗圃地最好选择平地，坡地的坡度应小于 5°。土壤是供给苗木生长所需水分、养分和空气的溶质，也是苗木根系生长发育的环境。苗圃地应选择土层深厚、肥沃、土质疏松的沙壤土和轻黏壤土。贫瘠或石砾较多的土壤，干旱的坡地，培育出来的苗木生长量小，根系不发达，质量差，对不良环境的适应能力弱，栽植不易成活，即便成活生长也较弱；黏重土壤易板结，透气性差，影响根系发育；地下水位高，土壤空气不流通，苗木根群不发达，但吸水容易，枝条徒长，越冬易冻死或梢头冻枯，而且遇到降水量高的年份苗木易受涝而死。因此，不宜选择瘠薄或黏重的土壤作苗圃地，地下水位高的河滩地也不宜作苗圃地。苗圃地地下水位不宜超过 1.5 米。

同时，连续多年的育苗地和废弃的果园地不宜作苗圃，避免因苗木生长所需元素的缺乏和有害元素的积累，而降低苗木质量和感染病虫害。

（二）苗圃规划

苗圃地确定后应着手进行圃地规划。在规划苗圃地时，应在迎风方向设立防风林，在苗圃地里设立网状的区间林带，林带间距为100～200米。在规划防风林的同时，本着因地制宜、提高土地利用率和方便操作的原则，将苗圃地划分成若干个作业小区。小区设计成长方形，长度为100～200米，宽度可为长度的1/3～1/2。小区与小区之间设步道，应尽量使道路与排灌系统合理分布，以不浪费土地。为了方便采集接穗并保证接穗新鲜，应规划出优良品种采穗圃，也可以栽植核桃优良品种防风林带代替采穗圃，这样既节约土地又距离嫁接地点近，减少运输成本。同时，苗圃地还应规划出灌溉井、晒水池、作业场、假植地、地窖、仓库、房屋等基础设施。个体育苗户可根据自己的土地面积只规划育苗地和灌溉水渠。

（三）整地做苗床

（1）深耕。土地经过深耕，活土层加厚，土壤物理结构得到改善，能提高蓄水保墒能力和耕层温度，有利于土壤微生物活动，从而为核桃种子发芽和根系的生长发育创造良好的土壤环境。深耕宜早，秋耕比春耕好，早耕有利于熟化土壤。结合深耕，每亩施腐熟有机肥2～4吨，耕深以25～30厘米为宜。深耕后灌足水，春季播种前再浅耕1次（15～20厘米），然后耙平镇实备用。

（2）土壤消毒。其目的是消灭土壤中的病菌和虫源。方法是每平方米苗床用40%甲醛50毫升，加水6～12升，播种前10～15天喷洒，然后用塑料薄膜覆盖并压实，播种前5天除去薄膜，待甲醛气味散失后播种。

（3）做苗床。核桃育苗可采取床（畦）作和垄作2种方式（图4－1）。新疆等多地采用低床方式，即床面低于步道或地埂25～30厘米，床宽1～1.5米，床长约10米，低床保水节水效果好。中原地区灌溉条件好的地方多采用高床方式，即床面与步道（地埂）相平或略高，床宽1米，床长15～20米，高床浇水后床面不易板结。垄作的垄高20～30厘米，垄顶宽30～35厘米，垄间距约70厘米，垄长约10米，垄作的特点是便于灌溉，土壤不易板结，光照、通风条件好，管理和起苗较方便。干旱和浇水困难的育苗地，可采用低床方式，地下水位高和灌溉方便的育苗地可采用高床或垄作方式。

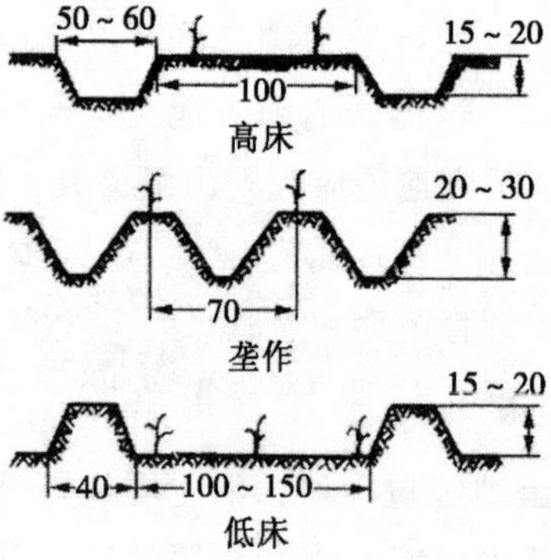

图4－1　育苗作业方式（单位：厘米）

三、采种及种子贮藏

（一）采种

目前，我国多采集实生大核桃树的种子作砧木育种，由于这些大树的果实大小悬殊较大，核壳厚薄不一，商品价值低，生产中应注意选种。首先选择生长健壮、无病虫害、种仁饱满的壮龄树为采种母树。当坚果达到形态成熟，即青皮由绿色变黄色并开裂时采收。此时的种子内部生理活动微弱，含水量少，发育充实，最容易贮存。若采收过早，胚发育不完全，贮藏养分不足，晒干后种仁干瘪，发芽率低，即使发芽出苗，也难成壮苗。为确保种子充分成熟，作种子用的核桃坚果一般较商品坚果晚采收 1 周左右。采集后可用剥皮机械直接将青皮剥离，捡出坚果晾晒。种子量少的也可将果实堆沤脱皮或用乙烯利处理，一般 3～5 天即可脱去青皮。堆沤时注意不可堆积过厚，以免发热烧坏种子。脱青皮后的核桃种子及时薄层摊在通风干燥处晾晒，避免在水泥地面、石板或铁板上直接暴晒。

（二）贮藏

充分成熟的核桃种子无休眠期，秋播的种子在常温条件下贮藏一段时间后，秋末趁墒播种，也可将采收后带青皮的种子直接播种。多数地区以春播为主，春播的种子贮藏时间比较长，种子必须充分晾干，避免含水过高、通风不良使种子发霉变质。核桃种子的贮藏方法主要有室内干藏和冷库贮藏。种子量少，可在室内干藏，方法是将晾晒的干燥种子装入麻袋或编织袋内，放在低温、干燥、通风良好的室内或仓库内。种子量大，必须放在冷库中贮藏，冷库温度保持在 4℃左右，空气相对湿度保持在 50% 以下，按种类和品种分开，将种子分别装入编织袋内，系好标签，以防混杂。无论常温贮藏还是冷藏都要注意防止鼠害和通风干燥，保证种子的生活力。

此外，也可将核桃种子沙藏层积。方法是选择背风向阳、地势高燥、排水良好的地方，挖深 1 米左右、宽 1.5 米左右，长度视种子量而定的坑，在坑底和坑四周壁上铺一层防鼠铁丝网，将种子在清水中浸泡透，以种仁饱胀为标准（初冬水温较高需 3～5 天，深冬水温较低需 5～7 天），注意浸泡时勤换水。层积前将底层铺 10 厘米厚的湿沙，湿沙以手握成团而又不滴水为度，然后以湿沙与种子 5∶1 的比例充分混合后填入坑内，至距地面20厘米为止，上面再覆盖10厘米厚湿沙，并盖上防鼠铁丝网，最上面覆盖秸秆即可。冬季下雪后应及时清除积雪，防止雪水流入层积坑造成种子霉烂。春节过后，气温上升，要经常打开层积坑翻动种子，保证坑内温度均匀，种子发芽整齐，待部分种子发芽后捡出发芽的种子播种。此法费工费时，主要在种子量少，或种子珍贵时采用，多用于科研育苗。

四、种子处理

秋季播种不需进行种子处理，可直接播种。春季播种，干种子经过处理，才能保证发芽、出苗整齐。种子处理方法有以下几种。

（一）冷水浸种法

将核桃干种子装入编织袋内，袋内放2块砖头或石块，以防浸种时漂浮。把种子袋放入河水或池塘中，并用绳子拴牢以免漂走。第5天开始，每天检查浸泡情况，经过6~7天种子即可泡透。没有河水或池塘的地方，可以用塑料桶、缸等容器，或在地面挖一个坑，垫上塑料布或彩条布，将核桃种子放入，倒进清水，浸泡6~7天，期间每天换1次水，检查种仁泡胀，即可捞出播种。浸泡时注意用木板或箅子将种子压入水中，以利于种子充分吸水。

（二）温水浸种法

种子量少时，可用2份沸水、1份凉水对成温水浸泡种子。方法是把干种子放入温水中搅拌至常温，浸泡4~5天，之后每天换1次清水，检查种仁泡胀即可捞出播种。

（三）开水烫种法

用一口面较大的锅，盛八成的水烧沸，再用一口缸盛冷水，把干核桃种子放入竹篮内，在沸水中浸泡30秒钟后，立即倒入冷水缸中浸泡3天，检查种仁吸水发胀即可捞出播种。

（四）温水催芽法

种子经温水浸泡吸水膨胀后捞出，放入篮子或竹筐中，用湿布盖上，每天早、晚用45℃温水冲洗种子2次，或在35～40℃温水中淘2遍，种壳开裂露出根尖后按种植密度播种。

五、播种技术

（一）播种期

核桃播种期分秋播和春播。

（1）秋播。秋播又分为带绿皮播种和种子播种。带绿皮播种是将充分成熟的核桃果实从树上采收后，立即带青皮播种于苗圃地内，播种时间一般在9月中下旬；种子播种时间一般在10月下旬以后，趁秋墒把浸泡过的种子播种到苗圃地。带绿皮播种，因播种较早，气温较高，种子在土壤中部分发芽出土，冬季地上部分冻枯，翌年春季还可从土层幼苗腋芽萌发成苗；晚播的种子，因地温低不萌发出土。核桃秋季播种避免了种子贮藏和处理，节省人力物力，而且翌年春季出苗早，出苗整齐，苗木生长健壮，适于大面积育苗操作。但是，秋播种子在土壤中停留时间长，易受牲畜鸟兽盗食，增加了育苗风险。因此，在鸟兽危害较重的山区不宜秋播。

（2）春播。春播是在3月中下旬至4月初土壤解冻之后进行。春播的缺点是播种期短，田间作业紧迫。若延误了播种期，则因气候干燥，蒸发量大，不易保持土壤湿度，而且生长期缩短，会降低苗木质量。

（二）播种方法

核桃播种方法有宽窄行和等距离行2种。宽窄行一般要求宽行距40～60厘米，窄行距20～30厘米；等距离行一般要求行距40～50厘米。宽窄行播种单位面积育苗数量多，便于苗木田间管理。宽行距离以能够容下嫁接人员嫁接操作为宜；窄行距离视土壤肥力和管理条件而定，土壤肥力高和管理条件好距离可小些；否则，可大些。等距离行播种的行距也可视土壤肥力和管理条件而定。山地栽植的核桃实生苗，为提高栽植成活率，可采用营养钵育苗。核桃苗生长量大，苗木粗壮，营养钵应相对较大，一般要求直径在15厘米左右。营养土的配方多为1/3土杂肥+2/3新黄土，土杂肥要充分沤制和腐熟。播种前如果墒情差需浇水，尤其是春季播种，温度上升快，风大，水分蒸发快，易造成土壤缺水，因此墒情差时一定要浇水后播种，以保证出苗整齐。春季育苗遇到大风、干旱和低温的年份，播种后要覆盖地膜，保温保湿，利于种子出土。

播种时摆放种子以种子缝合线与地面垂直为好，这样胚根萌发向地下生长，胚芽萌发向地上生长，苗木出土整齐健壮（图4－2）。一般播种深度为12厘米左右，秋季可适当深播，春季可适当浅播，播种后保持土壤湿润。

（三）播种量

一般每千克核桃种仁有60～70粒种子，中等核桃每千克有种子100粒左右，小核桃每千克有种子120～140粒。

每亩有基本苗6 000～8 000株，根据种子大小和播种株行距，一般大粒种子每亩播种量为150千克，中粒种子每亩播种量为90～100千克，小粒种子每亩播种量为70～80千克。播种前一定要检查种子质量，可用随机抽样的方法，抽取种子量的10%，检查其饱满度、生活力，并除去霉变粒、干瘪粒、虫果等，然后精确计算播种量，保证可用基本苗数量。

六、砧木苗期管理

加强核桃苗期管理是实现当年嫁接和缩短育苗周期的重要

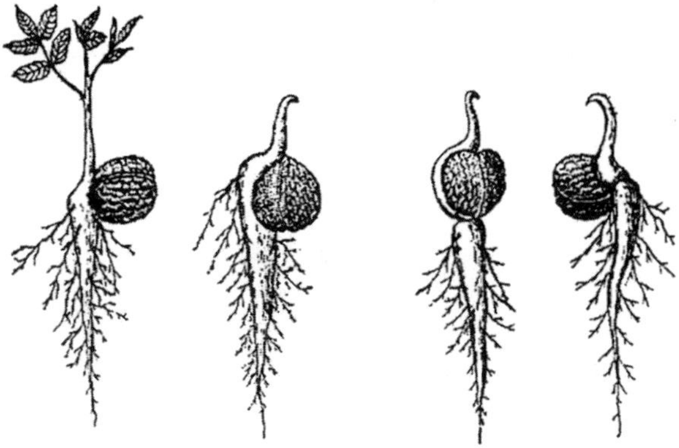

图 4－2　种子放置方式与出苗的关系

1. 缝合线与地面垂直；2. 种尖向上；3. 种尖向下；4. 缝合线与地面平行

环节。春季播种 20 天后即可出苗，40 天左右出齐苗，覆盖地膜的可提早出苗 1 周左右。

（一）间苗和补苗

幼苗出齐后长至 2～3 片真叶时开始间苗，每穴留 1 株苗，多余的苗剔除。结合间苗在缺苗断垄处补苗，可从苗木密度大的地方带土起苗，移栽后及时浇水。旱地移栽补苗要选择在阴雨天进行，也可在晴天的 16 时后进行，用壶水点浇。缺苗量大时应采用温水催芽后重新点播，以保证苗圃地苗木整齐。结合间苗、补苗，对苗圃地进行松土除草，以促进幼苗前期生长。

（二）苗木断根

核桃为深根性树种，主根发达，为促进侧根生长，提高苗木生长速度和移栽成活率，同时节省起苗时的工作量，幼苗时期应切断主根。方法是在幼苗生长至 30～40 厘米高时，在距离苗木基部 20 厘米处，用断根铲呈 45°角从地面斜切，将幼苗主根切断，断根后及时浇水，以保证幼苗正常生长。催芽播种的幼苗不需断根处理。核桃苗断根可明显增加侧根数量，促进侧根生长量，有效控制苗木徒长，促使苗木健壮生长，增加苗木抗逆能力（图4－3）。

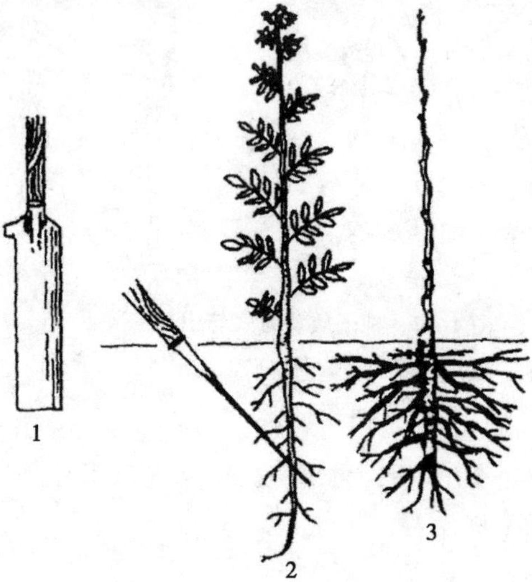

图4－3　砧木断根

1. 断根铲；2. 断根；3. 断根苗根系

（三）肥水管理

一般在核桃苗出齐前不需浇水，但在北方一些地区，春季有干热风，土壤保墒能力较差，影响出苗，需及时浇水，并视具体情况进行浅松土。苗出齐后，为了加快生长，应及时施肥浇水，一般苗期追肥2～3次。第一次追肥在苗高15厘米左右时进行，每亩施碳酸氢铵10～15千克，或尿素5～10千克。第二次追肥在6—7月苗木速生期，每亩施碳酸氢铵20～25千克，或尿素10～15千克。如果6月底苗木仍未达到嫁接要求粗度，可再追施肥1次。结合追肥要及时浇水，并进行中耕除草。旱地和浇水不方便的育苗地，要抓住雨前或雨后的有利时机追肥。结合土壤追肥，幼苗生长期间还应进行根外追肥，可叶面喷施0.3%尿素溶液或0.3%磷酸二氢钾溶液，每7~10天1次。夏季，雨水多的地区要注意排水，以防苗木晚秋徒长或烂根死亡。入冬时要浇1次封冻水，以防幼苗冬季枯梢。

（四）中耕除草

中耕可以疏松表土，减少蒸发，防止地表板结，促进气体交换，提高土壤中有效养分的利用率，给土壤微生物活动创造有利的条件。幼苗前期，中耕深度以2~4厘米为宜，后期可逐步加深至8~10厘米，苗期应中耕2~4次。苗圃杂草生长快，繁殖力强，与幼苗争夺水分和养分，有些杂草还是病虫害的媒介和寄生场所，因此苗圃地必须及时除草。中耕除草可与追肥浇水结合进行，在杂草旺长季节进行专项中耕除草的同时，每次追肥浇水后均要及时中耕除草。

（五）病虫害防治

核桃苗期病害主要有黑斑病、炭疽病、白粉病、苗木菌核性根腐病、苗木根腐病等，除在播种前进行土壤消毒处理外，还应采取相应的防治方法。苗木菌核性根腐病和苗木根腐病，可用10%硫酸铜溶液或70%甲基硫菌灵可湿性粉剂1 000倍液浇灌根部，每亩用药液250~300千克，然后再用消石灰撒于苗茎基部及根际土壤，对抑制病害蔓延效果良好。黑斑病、炭疽病、白粉病，可在发病前每隔10~15天喷1次等量式波尔多液200倍液，连续喷2~3次；发病初期喷70%甲基硫菌灵可湿性粉剂800倍液，防治效果良好。幼苗出土后，如遇高温暴晒，幼苗嫩茎先端易焦枯，生产中要及时浇水降温，防止发生日灼病。

核桃苗期虫害主要有象鼻虫、刺蛾、金龟子、浮尘子等，可选用90%晶体敌百虫1 000倍液或2.5%溴氰菊酯乳油5 000倍液或80%敌敌畏乳油1 000倍液或50%杀螟硫磷乳油2 000倍液喷雾防治。

第二节　嫁接苗的培育

果树嫁接是无性繁殖的一种方法，是把母体树的枝或芽，接在另一植株的适当部位，使其产生愈伤组织，形成一个新的植株。接上去的部分叫接穗，被接的部分叫砧木。用嫁接方法繁殖苗木，可以保持原有品种的优良特性，因此培育嫁接苗一定要选择优良品种的枝或芽作接穗。

接穗与砧木嫁接成活的程度叫嫁接亲和力。一般砧木与接穗亲缘关系近，其生理特性、组织结构和新陈代谢方面具有更多的相似性，嫁接亲和力就强，嫁接后容易成活。同种内的接穗与砧木嫁接亲和力最强；同属异种间的嫁接亲和力因果树种类不同而异。例如，核桃嫁接在美国黑核桃的奎核桃上表现有良好的亲和性，核桃嫁接在核桃楸上其亲和性差；同科异属的接穗与砧木嫁接亲和力一般比较小，极个别的亲和力较强。

砧木对接穗有矮化、乔化、耐寒、抗旱、抗病虫害等影响，接穗对砧木也有不同的影响，因此选择合适的砧木与接穗组合，是嫁接成活和嫁接植株生长结果的关键技术。核桃树伤流较重，树皮含单宁较高，枝条髓心和芽眼均较大，嫁接成活率低，生产中一定要掌握好适宜的嫁接时间和严格操作规程，确保嫁接成活。

一、接穗选择

选择优良母树上的枝条作接穗，是繁殖优良核桃苗木的前提。选择接穗应遵从以下原则：一是应选择当地栽培的优良品种，对外地优良品种尚不了解是否适于本地土壤、气候条件时，不宜大批量引进，以免造成损失。二是母树要品种纯正、生长健壮并保持应有的品种特性。这是因为核桃树经过长期无性繁殖，往往会出现变异类型，失去原有品种的特性。也可建立专门的采穗圃，采穗圃内的核桃树应是优良品种或品系的嫁接树或高接树。三是从优良母树上发育充实的 1 年生营养枝上选取接穗，最好是选取其中部的饱满芽作接穗。不可从结果枝、徒长枝上选取接穗。合格的穗条标准是：枝接所用穗条为长 1 米左右、粗 1 ~ 1.5 厘米的营养枝，穗条应生长健壮，发育充实，髓心较小。芽接所用穗条应是木质化较好的当年发育枝，幼嫩新梢不宜作穗条，所采接芽应成熟饱满。四是选择无检疫对象或无传染病虫害植株作母树。

二、接穗采集与贮运

（一）接穗采集

（1）采集时期。嫁接时期不同，采集接穗的时间也不同。枝接接穗从核桃树落叶后直至芽萌动前（整个休眠期）均可采集。采穗的具体时间应根据实际情况而定，气候寒冷的地区，核桃枝条易受冻害，抽条现象严重（特别是幼树），宜在秋末冬初采集。此期采集的接穗只要贮藏条件好，防止枝条失水或受冻，就可保证嫁接成活率；核桃枝条可安全越冬，未有冻害抽条的地区，可在春季芽萌动之前采穗。嫁接量大的宜在秋末或冬初采集接穗，也可结合冬季修剪采集接穗。嫁接量小的可于春季萌芽前 15 天采集，经短暂贮藏即可嫁接；夏季芽接可随采随用，一般不贮藏，避免因贮藏降低嫁接成活率。芽接接穗贮藏时间不能超过 5 天。无论是母树休眠期采集接穗，还是生长季节采集接穗，均要采集枝条通圆光滑的，特别是芽基处要求尽量平滑，此种接穗嫁接成活率高。芽基处凸起明显的，嫁接成活率低。

（2）建采穗圃。长期育苗地需要大量接穗，从外地调进接穗不仅成本高，品种不一定适宜，而且长途运输和长时间贮存接穗质量降低，尤其在夏季会使嫁接失败。因此，培育接穗母树或采穗圃，建立当地的采穗基地，实现接穗自给非常必要。

①利用现有核桃大树资源培育采穗母树：可选择适宜品种、丰产优质、生长健壮的单株，加强栽培管理，进行重剪或回缩更新，促生大量健壮新枝，培育优良接穗。

②大树改接培育采穗母树：在当地选择生长健壮的中幼龄核桃树，用引进的核桃优良品种接穗进行多头高接，培育当地用接穗。

③利用优良品种苗：在肥水条件好的地块高密度栽植采穗圃（2 米×1 米），加强管理，采取重剪的方法培育接穗。也可在现有苗圃地留苗作采穗圃。

（3）采集方法。在休眠期采穗宜用手剪或高枝剪，忌用镰刀削。采集时剪口要平，注意剪口不要呈斜茬。采后根据穗条长短和粗细进行分级（弯曲的弓形穗条要单捆单放），每捆 30～50 根。打捆时穗条基部要对齐，先在基部捆一道，再在上部捆一道，然后剪去顶部过长、弯曲或不成熟的顶梢，再用蜡封住剪口，以防失水，最后用标签标明品种。夏季芽接用的接穗，从树上剪下后要立即去掉复叶，留 2 厘米左右长的叶柄，每 20～30 根打成 1 捆，标明品种。打捆时不要损伤叶柄幼嫩的表皮，打捆后立即用湿布包裹，或放入盛有清水的容器中，清水浸泡接穗根部 2～3 厘米。

（二）接穗贮藏与运输

（1）枝接接穗。枝接接穗采集后，可贮藏于地窖、窑洞、冷库，或在背阴处挖坑贮存。接穗按 50 根 1 捆，挂上标签，剪口封蜡。地窖、窑洞和贮存坑，可采取一层湿沙一层接穗层积贮藏，湿沙需紧密填充接穗缝隙，层积厚度不宜超过 1.5 米，上面覆盖 20 厘米厚的湿沙。贮藏温度不能超过 5℃，沙的湿度不能过大，也不能过小。沙的湿度小，接穗贮藏过程中易失水干枯，降低成活率；沙湿度过大，接穗贮藏过程中易霉烂。贮存坑可选在背阴高燥的地方，坑宽1.5～2米、深0.8～1.2米，长度按接穗的多少而定。接穗用量大或远途运输，需将接穗贮藏到冷库中，存放前将接穗封蜡，每30～50根1捆，10～20捆打1包，接穗捆与捆之间用湿苔藓填充包裹，或用湿蛭石填充，冷库温度控制在0～5℃。接穗运输前先打包，外包装用塑料布，车身底部铺塑料布，把打好包的接穗按品种分装，上盖帆布篷保温保湿。如果接穗从北方往南方运送，需提前几天；从南方往北运送可推迟几天。接穗装车后应尽快运送到嫁接目的地，以减少接穗损失，提高嫁接成活率。

（2）芽接接穗。由于生长季节气温高，芽接接穗采下后，应用湿布包裹，外包塑料薄膜，放入冷藏车内运送到嫁接地点，时间不要超过2天。没有冷藏车运输条件的，可将接穗用湿布包裹，里面填充苔藓或湿锯末等，外包塑料薄膜，运到嫁接地后及时打开薄膜，置于潮湿阴凉处，或埋入洁净的湿河沙中。接穗量少时，采集后将接穗底部放入盛有清水的容器中运输，可保持接穗生活力，保证嫁接成活率。

近年来，为了保持接穗新鲜，尽量减少接穗水分蒸发，提高嫁接成活率，多采用嫁接前封蜡处理。即把接穗按嫁接需要的长度剪成小段（一般每段2～3个芽），将剪口在熔化的石蜡液中迅速蘸上薄薄一层石蜡，冷却后放在阴凉处备用，效果很好。蜡封动作要快，接穗不可在蜡液中停留。蘸蜡前接穗先用清水冲洗一遍，除去尘土，摊开晾干后再蘸蜡。否则，接穗上有尘土，会影响蜡膜的附着力。石蜡液的温度以90～95℃为宜，温度太高，容易烫伤芽；温度太低，挂蜡太厚，蜡层容易脱落。

三、嫁接技术

核桃树嫁接方法根据嫁接时期不同，可分为生长期嫁接和休眠期嫁接；根据嫁接部位不同可分为高接、平接和低接；根据嫁接材料和方法不同，可分为枝接和芽接。

（一）大方块芽接

大方块芽接是目前核桃嫁接繁殖应用最多、嫁接成活率最高、嫁接速度最快、嫁接成本最低的方法。具体操作：先用锋利的嫁接钢刀在当年生绿枝接条上取芽，方法是先在接芽上方2厘米处横切一刀，再在接芽下方2厘米处横切一刀，然后在接芽一侧纵切一刀达上下两横切口处。用手将接芽剥离呈一长方形块，手指捏住接芽叶柄，在砧木高20～30厘米处选一光滑处，按照接芽长度和宽度切一长方形块并剥离，在右下角向下切1个火柴棍宽的放水道，将树皮撕开，把接芽与砧木切口对齐，用塑料薄膜单层将接芽连同切口完全包严。7～10天接芽成活后将塑料薄膜顶破长出（图4－4）。大方块芽接在5月底至8月中旬嫁接成活率高。5月底至6月底嫁接的当年可萌发，应及时抹掉其他部位的萌芽，土壤肥沃、管理条件好的地块，嫁接苗可长至1米左右。7月以后嫁接的，一般不让萌发，以免幼芽生长量小，枝芽发育不充实，越冬受冻害。当年萌发的嫁接苗，将砧木梢头剪除，嫁接部位以上留2条复叶，并剪去复叶的1/2，接芽以下留2～3条复叶。待接芽萌发并长出10～20厘米时，将接芽上面保留枝及复叶一并剪除。进入7月以后嫁接的核桃树，不剪除枝梢，接芽休眠不萌发，待翌年春季剪砧后接芽萌发成苗。

大方块芽接成活率与接穗的新鲜度、接芽部位、接穗生长状况、砧木生长状况和嫁接时的气温等有很大的关系。接穗采集当天嫁接成活率达95%以上，第2天降至80%～90%，第3天仅为70%左右，第4天及以后成活率不足50%。据试验，接穗采集后立即藏于湿河沙中，可保存7天以上，但嫁接成活率不足80%。

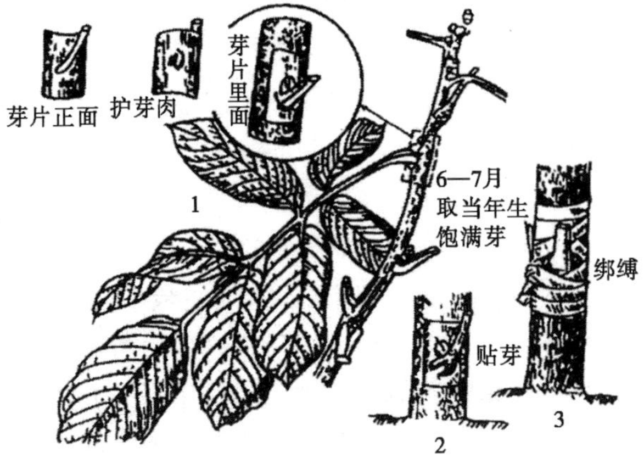

图 4 –4　大方块芽接

1. 剪取接穗及剥取芽片；2. 砧木嵌贴芽片；3. 绑缚严密

夏季芽接最好是接穗随采随用，这样既可保证嫁接成活，又节省接穗。接穗的接芽部位不同，嫁接成活率也不同，接穗基部 1 ~2 个芽饱满度差，内含休眠物质较高，嫁接成活率低；基部第 3 个及以上的芽充实饱满，嫁接成活率高，萌发快，生长势强。7 月上中旬以后嫁接应选新生长的半木质化枝条作接穗，木质化程度过高或枝条过嫩均影响嫁接成活率。嫁接成活率还与气温关系密切，气温高于 32℃时不易成活。例如，2011 年 6 月上旬河南省洛阳地区最高气温达 36℃以上，此期嫁接的核桃树成活率不足 10%。嫁接成活率与接穗生长状况有很大的关系，接穗生长健壮，芽体充实饱满，接芽着生部位平滑，剥离容易，嫁接成活率高；接穗的接芽着生部位隆起，剥离的接芽呈凸起状态，嫁接时很难与砧木紧密相贴，产生空隙，难以成活。砧木生长状况也影响嫁接成活率，砧木生长旺盛，无病虫害，嫁接部位平滑，嫁接成活率高；否则，不易嫁接成活。嫁接时遇阴雨连绵，接芽容易霉烂。嫁接后突遇大雨，雨过天晴，只要接芽包扎严密，对成活率影响不大。

（二）插皮舌接

核桃插皮舌接主要应用于大树高接换优，嫁接速度快，成活率高。具体操作：先剪断或锯断砧木枝干并削平锯口，接穗削成长6～8厘米的大削面（注意刀口一开始就要向下切凹，并超过髓心，然后斜削，保证整个斜面较薄）。在砧木光滑处，由上至下削去老皮，其长5～7厘米、宽1厘米左右，露出皮层。削1个楔形竹签，在砧木皮层与木质部之间用竹签自上向下垂直插入，使皮层与木质部剥离。也可以用手指捏开削面背后皮层，使之与木质部分离。拔出竹签，将接穗的木质部插入砧木削面的木质部与皮层之间，使接穗的皮层盖在砧木皮层的削面上，最后用塑料条绑紧接口（图4－5）。此法应在砧木离皮时期时采用。生产中应注意嫁接前不要浇水，砧木应在嫁接前3～5天锯断放水，避免砧木伤流液过多影响嫁接成活率。

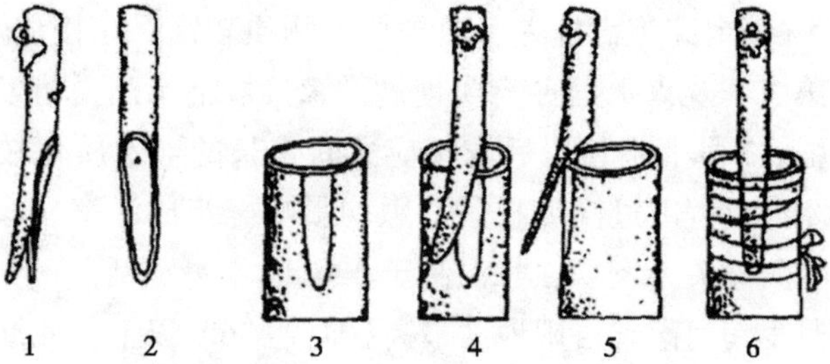

图4－5　插皮舌接

1. 接穗侧面；2. 接穗削面；3. 砧木正面；4. 插入接穗；5. 插入接穗后的侧面；6. 绑缚

（三）腹接

腹接应在春季核桃砧木萌发初期进行，嫁接期为1周左右。

具体操作：先用蜡封接穗，在接穗有顶芽的一侧下端先剪一长斜面，在长斜面的对面削一稍短的斜面，并使斜面两侧的棱一侧稍薄，一侧稍厚，接穗上留 2 个芽。在砧木上选光滑部位用刀切 30°角的斜口，刀刃切入的一边应较长，刀刃退出的一边应较短，切口长 5 厘米左右，深度为砧木直径的 1/3 ~ 2/5。切口过深夹力小易劈裂，切口太浅切口短与砧穗的接触面小。嫁接时用手轻轻推开砧木，使切口张开，然后将接穗插入。插入时接穗的长斜面向里，紧贴砧木木质部，并使接穗长斜面和砧木切口长的一侧皮层（形成层）对齐吻合。接好后，在接口部位之上 3 厘米处剪断砧木，用塑料条严密绑缚接口（图4 –6）。此种嫁接方法可充分利用冬季修剪枝条作接穗，嫁接速度快，效率高，成活率达 90% 以上，苗木生长量大，而且不用剪砧、抹芽。

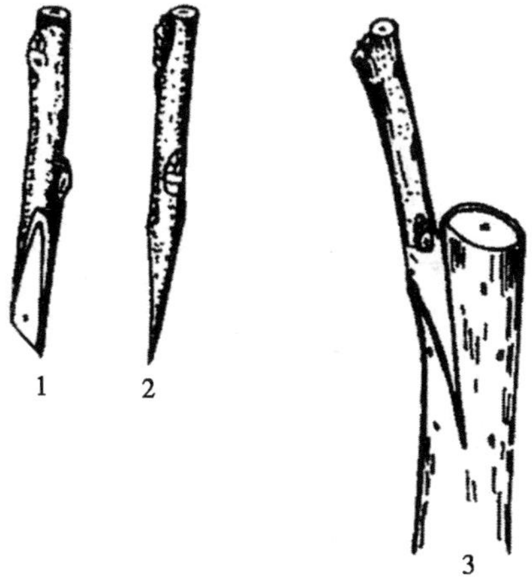

图 4 –6　腹接

1. 接穗正面；2. 接穗侧面；3. 插入接穗后

(四) 室内枝接

核桃室内枝接是利用出圃的实生苗作砧木，在室内进行嫁接的方法。此法能有效地避免伤流液对嫁接成活的不良影响，并可人为地创造宜于砧穗愈合的条件，具有适宜嫁接期长，可实行机械化操作，成活率高且稳定等优点。该法在核桃整个休眠期均可进行，但以3—4 月为最适期。室内嫁接因所用砧木不同，可分为苗砧嫁接和子苗砧嫁接两种。

(1) 苗砧嫁接。苗砧嫁接多采用舌接法，嫁接成活率高。但工序较复杂，育苗成本高，技术环节较难掌握，而且需要一定的设备条件。砧木用1～2 年生实生苗 (1 年生苗为好)，其根颈部直径1～2 厘米，秋季出圃进行假植，嫁接时随用随取。一般在3 月以前嫁接，嫁接前10～15 天，先将砧木和冷藏的接穗，在26～28℃条件下3～5 天进行“催醒”。嫁接前将砧木根系稍加修剪，去掉劈裂根和过长根，于根颈以上8 厘米处剪断砧干。选择与砧木苗粗细相当的接穗剪成12～14 厘米长的小段 (1～2 个芽)，将砧、穗分别削成3～5 厘米长的光滑斜面，在削面由下往上1～3 厘米处用芽接刀开一接舌，深2～3 厘米。砧、穗削好后要立即插合，使各自的舌片接入对方的切口，双方削面紧密镶嵌，用塑料条或细麻绳绑紧，然后对接穗顶部进行蜡封 (也可以在嫁接前蜡封)。将嫁接好的苗木按排呈35°～45°角斜放在苗床中进行愈合。苗床底层先放5～10 厘米厚的湿锯末，每排苗之间也用湿锯末隔开，排放后上面再放1 厘米厚的湿锯末。锯末要新鲜干净，其相对含水量为50%左右，并用50%甲基硫菌灵可湿性粉剂或50%百菌清可湿性粉剂800～1 000倍液喷洒消毒。苗床温度保持25～30℃，经10～15 天后，将苗木放置于0～2℃条件下保存，待春季4—5 月栽植。为提高栽植成活率，栽植前苗木根系应蘸泥浆，栽植时接口与地面相平，每株堆土7～10 厘米高，以利保湿。发芽后苗可自行出土，但土壤黏重时新芽不易破土，需助苗出土。苗木少时也可将嫁接苗用塑料膜卷成筒（或用塑料袋），里面放些湿锯末或湿土保湿，7～10 天后打开筒的顶端，20 天左右将筒撤掉，用湿土培好。也可使嫁接苗在湿床愈合后，让苗木在床内萌发展叶，逐步进行适应性锻炼，然后移栽到田间。苗砧嫁接法多用于稀有品种的繁殖，2009 年河南省洛宁县林业局徐虎智采用该法成功完成了中国林业科学院繁殖核桃品种的嫁接任务（图 4－7）。

图 4－7　苗砧嫁接

1. 削接穗；2. 削砧木；3. 嫁接后接合状；4. 绑缚

（2）子苗砧嫁接。子苗砧嫁接法的优点是嫁接效率高，育苗周期短，成本低。具体操作步骤如下：第一步培育砧木。选个大、成熟饱满的核桃坚果作种子，根据嫁接期的需要，分批进行催芽和播种。播种前做好苗床，也可用高 25 厘米、直径 10 厘米的塑料营养钵。营养土用 2/3 腐熟农家肥或腐殖质土、1/3 蛭石配制。一般于 2 月中下旬将催芽的种子播入营养钵或苗床，播种时必须使核桃坚果缝合线同地面垂直，否则胚轴弯曲不便嫁接。当胚芽长至5～10厘米时即可嫁接。为保证砧木苗干茎粗度，应对子苗减少水分供应，实行“蹲苗”。也可在种子长出胚根后，浸蘸250毫克/千克萘乙酸和吲哚丁酸混合液，然后放回苗床，覆土厚3厘米，可使胚轴粗度显著增加。第二步采集接穗。从优良品种（或优株）母树上采集生长充实健壮、无病虫害的1年生发育枝（结果母枝也可用作接穗）。接穗要求细而充实，髓心小，节间较短，直径以1～1.5厘米为宜，超过2厘米则不能使用。将接穗剪成12厘米左右长的枝段（上留1～2个饱满芽），并进行蜡封处理。第三步嫁接。子苗嫁接时期为3月，以3月上中旬为适期。子苗砧嫁接多采用劈接法，当种苗生根发芽、将要展开第一片真叶时从苗床中取出，在子叶柄以上1厘米处切断，然后顺子叶叶柄沿胚轴中心向下切约2厘米长的切口。将接穗下端削成楔形，插入砧木接口，用塑料条或细麻皮绑缚（图4－8）。嫁接时注意勿伤子叶叶柄，嫁接完成后将接口以下部分在250毫克/千克α－萘乙酸溶液中浸蘸，可有效控制萌蘖并促进新根形成和生长。第四步愈合和栽植。先做苗床，在苗床底层铺25～30厘米厚的疏松肥沃土壤，苗床上搭拱形塑料棚（中间高1.5米左右）。将嫁接苗按株行距15厘米×25厘米栽植，接口以上覆盖湿润蛭石（含水率为40%～50%），愈合温度为25～30℃，棚内空气相对湿度保持在85%以上，注意通风。经15天左右，接穗芽萌发，此时白天要揭棚通风，逐步增加光照，降低温度进行炼苗。30天左右，苗木有2～3片复叶展开，室外日平均温度升至10～15℃时，即可移栽到室外苗圃地，一般选阴天或傍晚进行。在良好的管理条件下，当年苗木可高达40～60厘米。此种苗木繁殖方法生产中应用较少，多用于急于扩繁的稀有品种。

此外，核桃苗木嫁接繁殖方法还有很多，如河南省洛阳地区有的果农采用超长倒贴带木质芽接、绿枝接、双舌接、切接、根接等。生产中，各地应遵循管理简便、节省成本、快速高效的原则选择适合的嫁接方法。

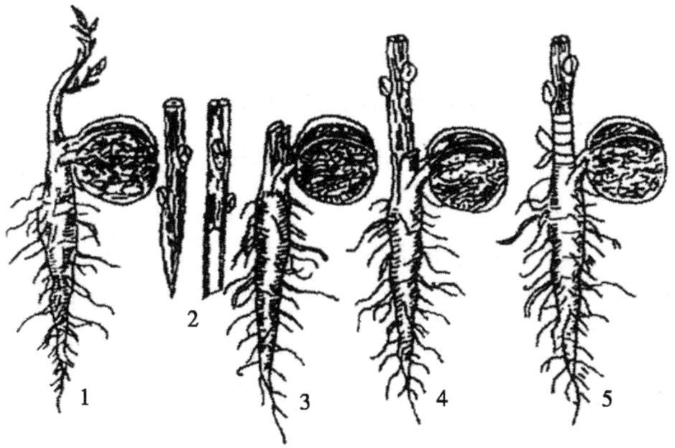

图 4－8　子苗砧嫁接

1. 子苗砧木；2. 削接穗；3. 切接口；4. 插入接穗；5. 绑缚

四、影响核桃嫁接成活的主要因素

核桃是较难嫁接成活的树种，生产中多年来一直是嫁接成活率低而不稳。影响核桃嫁接成活的因素很多，而且比较复杂，目前仍未搞清楚哪个因素对嫁接成活率影响最大。在此简单介绍几个影响核桃嫁接成活的主要因素。

（一）砧、穗质量的影响

嫁接成活需要砧、穗双方分别产生愈伤组织，继而分化产生连接组织，最终形成新植株。因此，砧、穗双方均需有较强的生命力，如果其中一方失去生命力或生命力弱，则难以产生或仅产生很少的愈伤组织，其嫁接成活率就低。反之，如果砧、穗双方质量均好，生理功能强，代谢旺盛，则易产生大量愈伤组织，这样，即使嫁接技术稍差，也能获得较高的成活率。

嫁接用砧木以2～4年生的健壮且无病虫害的实生苗为好。砧苗物候期不同对嫁接成活率也有一定影响，砧木萌发阶段的成活率低，抽梢及展叶期则成活率高。砧木嫁接高度对成活率也有影响，研究表明，嫁接在实生砧22.5厘米高度时，成活率为74%～78.8%，30厘米高度时成活率为67.5%，15厘米高度时成活率为62.5%。此外，给砧木适量的供水，可提高芽接成活率。

接穗质量对嫁接成活率影响更大。接穗的质量可用粗细、充实程度和保鲜状况等指标综合衡量，其中接穗的保鲜状况（含水量）至关重要。据研究，当接穗枝条含水量低于38.48%时（即失水率超过11.75%），不能产生愈伤组织，这种枝条不宜用来做接穗。当然，并非枝条含水量越高对愈伤组织形成越有利。接穗的髓心大小对嫁接成活率也有重要影响，有试验表明，髓心率为31%～40%时，嫁接成活率最高，当髓心率超过50%时，嫁接成活率很低。此外，接穗的休眠程度对成活率也有一定影响，芽子未萌动的接穗成活率高，如接穗芽子已膨大或已萌发，由于接穗内部的水分和养分消耗较大，嫁接成活率会降低。

一般来说，同一株采穗母树上，春季生长的接穗充实健壮，木质化程度高，髓心小，嫁接成活率高；秋季生长的接穗则与之相反。在同一发育枝上，中下部枝段作接穗最好，顶部枝段作接穗质量差，一般不能使用。

（二）砧、穗亲和力的影响

嫁接亲和力是砧木和接穗双方能够正常连接并形成新的植株的能力，是确定优良穗、砧组合的基本依据。有的组合嫁接后，砧、穗双方虽能生长愈伤组织，但不能相互连接成新的植株；有的嫁接后短期内连接成活，但生长发育不良，或寿命很短，这均表明双方亲和力差。从我国目前常用的几种核桃砧木来看，核桃本砧、穗之间，铁核桃与泡核桃之间均属种内嫁接，亲和力均很强；而核桃与核桃楸是同属异种，核桃与枫杨是同科异属间嫁接，它们之间虽有一定的亲和力，但嫁接后常出现“小脚”现象（接口为上粗下细），或萌蘖丛生，成活后的保存率也很低，表现为后期亲和力较差。此外，同种砧木不同接穗品种组合其亲和力也有较大差异。

（三）伤流液的影响

核桃枝干受伤后易出现伤流液，尤其在休眠期表现极为明显，它是影响嫁接成活的重要因素。嫁接时伤流液过多，会造成嫁接口缺氧，抑制砧、穗接口处组织的呼吸作用，阻止愈伤组织形成。伤流液的多少受诸多环境因子制约，如湿度大、气温低、雨水多时，伤流量随之增加。同时，伤流液的多少也与核桃自身的物候期、树龄和生长势等有关，如休眠期伤流液多，则生长期伤流液少或没有。在同株树的不同部位伤流量也不同，枝条级次愈高（即离根系愈远），伤流液愈少。避免或减少伤流液的方法有断根和砍干、锯干放水，生产中可采取提前剪砧、留拉水枝、推迟嫁接时期等方法。但要完全避免伤流液对嫁接成活的不良影响则比较困难，这也是核桃室外嫁接成活率不稳定的主要原因之一。

（四）温度和湿度的影响

核桃愈伤组织形成的适宜温度为25～30℃，低于15℃时，愈伤组织不能形成；超过35℃时，会抑制愈伤组织的形成。湿度是愈伤组织形成的另一主要条件，砧木因其根系可吸收水分，通常容易形成愈伤组织；而接穗是离体的，只有在适宜的湿度条件下，才能保证愈伤组织的形成，尤其是接口周围的湿度更为重要。据研究表明，核桃只能在土壤含水量为14.1%～

17.5%的条件下产生愈伤组织，而嫁接微环境（即接口周围）的相对湿度以70%～90%为宜。湿度过小会造成接穗失水干枯，过大则嫁接口通气不良，易窒息而死。

（五）嫁接时期和嫁接方法的影响

嫁接时期主要是通过温度、湿度及伤流量等因素而影响嫁接成活率。嫁接适期的选择非常重要，嫁接过早或过晚均不利于成活。过早因气温低，天气干燥多风，砧、穗生理活动弱，不易产生愈伤组织，加之伤流量大，嫁接成活率很低；过晚因气温升高，湿度降低，接穗易萌发，使接口失水变干，形成“假活”现象，接穗也易霉烂。

嫁接方法对成活率也有明显的影响（表4－1），插皮舌接法成活率最高，贴接和劈接次之，腹接成活率很低。无论枝接还是芽接，一般砧、穗接触面积大的嫁接方法成活率较高。

表4－1　不同嫁接方法的成活率（%）

嫁接方法	嫁接时期			平均值
	4月5日	4月12日	4月26日	
插皮舌接	92.8	91.3	80.9	89.58
贴接	95.1	88.6	74.0	80.65
劈接	95.0	75.0	69.0	73.33
腹接	62.2	44.9	56.1	47.43

五、嫁接接苗管理

核桃从嫁接到萌芽抽枝需30～40天，为保证嫁接苗健壮生长，应加强管理。

（一）谨防碰撞

刚接好的苗木接口不甚牢固，碰撞易造成接口错位或劈裂，田间作业要小心，勿碰伤苗木，同时要严禁其他人员进入苗圃地。

（二）除萌芽

嫁接后20天左右，砧木易萌发大量幼芽，应及时抹掉，以免影响接芽萌发和生长。除萌芽宜早不宜晚，以减少不必要的养分消耗。一般当接芽新梢长至30厘米以上时，砧芽很少再萌发。

（三）剪砧及复绑

芽接时砧木未剪或只剪去一部分，一般芽接后在接芽以上留1～2片复叶剪砧。如果嫁接后有可能降雨，可暂不剪砧，在接后5～7天剪留2～3片复叶，到接芽新梢长至20厘米以上时，再从接芽以上2厘米处剪除。此外，有试验表明，芽接后6～8天，另换塑料条复绑，有利于接芽成活和生长。

（四）解除绑缚物

大树高接或枝接的苗木，因砧木未经移栽，生长量较大，可在新梢长至30厘米以上时及时解除绑缚物。室内枝接或芽接的苗木，生长量较小，绝大部分应在建园栽植时解绑，以防起苗和运输过程中接口劈裂。

（五）绑棍防风折

接芽萌发后生长迅速，嫩枝复叶多，遇降雨易遭风折。因此，必要时可在新梢长至20厘米时，在其一旁绑支棍，用绳将新梢和支棍按“∞”形绑结，起固定新梢和防止风折的作用。

（六）摘心

枝接和嫁接早的萌芽生长快，生长量大，尤其是高接换优的大树，接穗萌枝可长至1.5米以上，不但易风折，而且增加冬季修剪量。因此，在萌发的新梢长至80厘米左右时进行摘心，以增加分枝，促使主枝增粗，提高新梢木质化程度，提高抗寒和抗风能力。

（七）肥水管理和病虫害防治

核桃嫁接之后的2周内禁忌浇水施肥，当新梢长至10厘米以上时应及时追肥浇水，可结合浇水每亩追施尿素20千克。20～30天后每亩再追施尿素20千克，进入8月每亩追施三元复合肥15～20千克。土壤缺水应及时灌溉，生产中可视叶片萎蔫程度适时浇水。一般10时前、17时后叶片萎蔫，说明核桃苗缺水，应及时浇水。生产中追肥、浇水可与松土除草结合进行。为使苗木充实健壮，秋季应适当控制浇水和施氮肥，适当增施磷、钾肥。8月中旬摘心，以增强木质化程度。此外，苗木在新梢生长期易遭食叶害虫为害，要及时检查，注意防治。

六、苗木出圃与分级、贮运和假植

（一）苗木出圃与分级

苗木出圃要根据栽植计划进行，挖苗前几天应做好起苗准备，若土壤过于干燥，应充分浇水，以免挖苗时损伤过多根系，浇水后须待土壤稍疏松、干爽后挖苗。秋栽的苗木，应在新梢停止生长并已木质化、顶芽形成并开始落叶时进行挖苗。栽植前从苗圃地挖出，挖苗时保持苗木根系完整，尽量避免风吹日晒减少苗木损伤。起苗后按苗木质量标准分级，核桃苗粗壮，一般每捆20～30株，分清品种挂上标签。远距离运输的苗木要进行保湿保暖包装，根系蘸泥浆。春季栽植的苗木挖苗前1周浇水，挖苗后及时运输栽植，这是因为春季升温快，空气干燥，苗木易失水。苗木分级的目的是保证苗木的质量和规格，提高建园时的栽植成活率和整齐度。核桃嫁接苗木一般要求接合牢固，愈合良好，接口上下的苗茎粗度要一致；苗茎通直，充分木质化，无冻害风干、机械损伤及病虫为害；苗根的劈裂部分粗度在0.3厘米以上时要剪除。根据国家标准，核桃嫁接苗的质量等级如表4－2所示。

表4－2　核桃嫁接苗的质量等级

项目	一级	二级
苗高（厘米）	>60	30～60
基茎（厘米）	>1.2	1～1.2
主根保留长度（厘米）	>20	15～20
侧根条数（条）	>15	>15

（二）苗木贮运

根据运输要求及苗木大小，嫁接苗按25株或30株打成1捆。不同品种分别打捆，挂上标签，注明品种、苗龄、等级、数量等，根系蘸泥浆，然后装入湿蒲包内。包装外面再挂1个相同的标签，以防苗木品种混杂。运输过程中，要注意防止日晒、风吹和冻害，并注意保湿和防霉。到达目的地后，立即解捆假植。

苗木运输最好在晚秋或早春气温较低时进行，一般从南方向北方运输需提早进行，从北方向南方运输可适当推迟，以防苗木提早发芽。外运的苗木要经过检疫，以防病虫害蔓延。各地应根据本地区的情况制定对策，对流行性疫病，严格控制和防治，做到疫区不出境，新区不引进。在苗木繁殖期间，一经发现病株必须立即挖出烧毁，对发生类似检疫病虫害的苗床土壤要严格消毒。

（三）苗木假植

起苗后如不能立即外运或栽植，必须进行假植。假植分为临时（短期）假植和越冬（长期）假植2种。前者一般不超过10天，只用湿土埋严根系即可，干燥时及时喷水；后者则需细致进行，可选地势高燥、排水良好、交通方便、不易受牲畜危害的地方挖沟假植。沟的方向应与主风向垂直，沟深约1米、宽约1.5米，长度依苗木数量而定。假植时，先在沟的一头垫些松土，将苗木呈30°～45°角斜排，埋土露梢，然后再放第二排苗，依次排放，使各排苗呈错位排列。假植时若沟内土壤干燥应喷水，假植完毕后，用土埋住苗顶。土壤结冻前，将土层加厚至30～40厘米，春暖以后及时检查，以防霉烂。在温暖的地区可以将苗木散开直接栽植在假植沟内，浇透水，再埋土厚约50厘米即可越冬。

第五章　花果管理技术

第一节　人工授粉

一、人工授粉的必要性

（1）核桃属异花授粉果树，风媒传粉，存在雌雄异熟现象，某些品种同一株树上，雌雄花期可相距20多天。花期不遇常造成授粉不良，严重影响坐果率和产量。

（2）幼树在开始结果的最初几年，一般只有雌花，2～3年后才出现雄花。为促进核桃雌花的授粉受精和坐果，对附近没有成龄核桃树的幼龄核桃园，应进行人工授粉。

（3）受不良气象因素，如低温、降雨、大风、霜冻等的影响，雄花的散粉也会受到阻碍。

（4）即便能进行自然授粉，通过人工授粉也能大大提高坐果率。人工授粉一般可比自然授粉提高坐果率15%～30%。

二、花粉采集

从当地或其他地方健壮的成年树上采集将要散粉的雄花序，摊放在室内20～25℃的干燥环境下，待花粉散出后，筛出花粉装瓶，放在2～5℃条件下保存备用。

三、授粉

最佳时期是雌花柱头呈倒八字形张开时。如果柱头反转或柱头干缩变色，授粉效果会显著降低。

四、授粉方法

人工授粉时，可将花粉用5～10倍的滑石粉或淀粉稀释后，用小型喷粉器进行喷授，或将稀释后的花粉装入纱布袋内进行抖授，也可配成1∶5 000的花粉悬浮液进行喷授，还可在树冠不同部位挂雄花序或雄花枝，依靠风力自然授粉。

第二节　疏雄疏果

一、疏雄

(一) 疏雄的好处

核桃雌、雄花芽比约为1∶5，雌、雄花朵比例高达1∶500。疏雄可以减少树体水分和养分的消耗，将节约的水分和养分用于雌花和剩余雄花序的发育，改善雌花和果实的营养条件，可提高坐果率和产量。

据测定，单个雄花芽萌芽前干重为0.036克，到雄花序成熟时干重增加到0.66克，净增重0.624克。雄花序中含氮4.3%、五氧化二磷1.0%、氧化钾3.2%、蛋白质和氨基酸11.1%、粗脂肪4.3%、全糖31.4%、灰分11.3%。据推算，一株成龄核桃树若疏除90%~95%的雄花芽，可节约水分50千克、干物质1.1~1.2千克。疏除多余的雄花序，能够显著地节约树体的养分和水分。

成年核桃大树平均单株雄花序2 000~3 500个。大量雄花序从萌芽到成熟散粉，需要消耗大量的水分和养分，影响枝叶生长和雌花芽发育，影响坐果与产量。疏除多余的雄花序能够增加产量，且有利于植株的生长发育。人工疏雄可平均增产10%~48%。

(二) 疏雄的时期

最佳时期是雄花芽开始膨大期，此时雄花芽比较容易疏除且养分和水分消耗较少。

（三）疏雄的方法

用手掰除或用木钩钩除雄花序。河北农业技术师范学院用化学方法疏除核桃雄花序取得了一定效果。

（四）疏雄量

以疏除全树雄花序的90%～95%为宜，使雌雄花之比达1：(30～60)，完全可以满足授粉需要。

二、疏果

（一）疏果的必要性

早实核桃以侧花芽结实为主，雌花量较大，结果过多，使核桃果个变小、品质变差，严重时会导致枝条大量干枯死亡。为保证树体营养生长和生殖生长的相对平衡，提高坚果质量，保持高产、稳产，延长结果寿命，需疏除过多幼果。

应注意，疏果仅限于坐果率高的早实核桃品种，尤其是树弱而挂果多的树。

（二）疏果的时间

在生理落果期以后，一般在雌花受精后的20～30天，当幼果发育到直径1～1.5厘米时进行为宜。

（三）幼果疏除量

一般以每平方米树冠投影面积保留60～100个果实为宜。疏果时先疏除弱树或细弱枝上的幼果，也可连同弱枝一起剪掉。注意留果部位在冠内要分布均匀，郁闭内膛可多疏。

第三节　保花保果

一、落花落果的原因

（一）受精不良

北方地区春季气温变化剧烈，一旦寒流侵入，温度急剧下降至0℃以下，伴有大风或阴雨，花器受冻失去授粉受精能力。在不良的气候条件下缺少传粉媒介，也会因授粉受精不良而落花落果。

据河北农业大学试验，主栽品种与授粉树的距离应在300米以内，超过300米时授粉受精不良或不能授粉。

幼龄核桃树仅开雌花，若不进行人工辅助授粉，也会大量落花落果。

（二）树体储备营养水平低

如核桃园土壤贫瘠、管理粗放、肥水不足、病虫害较重等情况，导致树体营养积累不足时会造成大量生理落果。

（三）生长激素水平低

花、幼果生长激素水平低导致落花落果。

（四）灾害性天气

大风、暴雨、冰雹等灾害性天气，会造成大量落果。

二、落花落果时间每年可出现三次

（1）第一次在开花后，未见子房膨大，花即脱落，是未受精的花，这次落花对生产的影响不大。

（2）第二次出现在花后2周，子房已经膨大，是受精后初步膨大的幼果，这次落果已有一定的损失。

（3）第三次出现在第二次落果后2～4周，大体在6月间，又叫“六月落果”，此时落果损失较大。

三、防治落花落果的措施

（一）改善树体营养

加强树体地上部和地下部的管理，为核桃的生长结果创造有利条件。

（二）创造良好的授粉条件

（1）人工辅助授粉。

（2）合理配置授粉树。

（三）雌花开花期喷激素、喷肥、喷微量元素

（1）雌花开花期喷赤霉素、硼酸、稀土、尿素等可提高核桃的坐果率。

（2）雌花开花期喷 0.5% 尿素、0.3% 磷酸二氢钾能改善树体的营养状况，提高坐果率。

第四节　果实采收及处理

一、采收期

核桃的果是由核果和青皮两部分组成，一般认为青果变黄并开裂后采收为宜。

核桃从坐果到果实成熟需 130～140 天，不同地区、不同品种的成熟期不同。北方地区的核桃多在 9 月上中旬成熟，南方地区稍早些。早熟品种 8 月上旬即可成熟，早熟和晚熟品种的成熟期可相差 10～25 天。

核桃成熟的标志是青皮由深绿色、绿色逐渐变为黄绿色或浅黄色，容易剥离，80% 的果实青皮顶端出现裂缝，且有部分青皮开裂。

从坚果内部看，当内隔膜刚刚变为棕色时为核仁成熟期，此时采摘种仁的质量最好。

二、采收方法

多采用人工采收。在核桃成熟时，用长杆击落果实。采收时应由上而下、由内而外顺枝进行，以免损伤核桃枝芽，影响翌年的产量。

果实从树上采下后，应尽快放置在阴凉通风处，不应在阳光下暴晒，否则会因种仁温度过高影响坚果的品质。

研究表明，当坚果种仁温度超过40℃时，就会导致种仁颜色变深，降低坚果的质量。采下的果实应尽快脱去青皮，去掉青皮后的果实，也应在阴凉通风处晾干。

三、果实脱青皮

核桃脱青皮的方法主要有堆沤脱皮法和乙烯利脱皮法两种。

（一）堆沤脱皮法

是我国传统的核桃脱青皮方法。在核桃采摘后及时运到荫蔽处或通风的室内，将果实按50厘米的厚度堆成堆，在果堆上加盖一层10厘米左右的干草或树叶，以提高温度促进后熟作用。一般当青皮大多出现绽裂时，用木板或铁锨稍加搓压即可脱去青皮。

堆沤时间的长短与果实的成熟度有关，成熟度越高，堆沤时间越短。但堆沤时，切忌青皮变黑乃至腐烂时再脱皮，以免因青皮腐烂、汁液浸泡壳面或渗入壳内，污染壳面和种仁，降低坚果的商品价值。

（二）乙烯利脱皮法

成熟度稍差或较难脱去青皮的品种，可采用乙烯利脱皮法。将刚刚采收的青皮果使用3 000～5 000毫克/千克的乙烯利浸泡30秒，再按50厘米的厚度堆积起来，堆上覆盖10厘米左右的秸秆，2～3天即可自然脱皮。

四、坚果漂洗和晾晒

为了满足国内外市场对核桃坚果外观的要求，脱青皮后应及时洗去残留在坚果表面的烂皮、泥土及各种污染物，然后再进行漂白。

洗涤的方法是把脱青皮后的坚果尽快放入筐内，在水池或有流水的地方浸泡，并用刷子刷洗干净。切忌泡洗时间过长，使污水进入壳内污染核仁。清洗后应及时将坚果摊开晾晒。

出口外销的坚果，洗涤后还应进行漂白。漂白的具体做法是：先将次氯酸钠（含次氯酸钠80%）溶于4～6倍的清水中制成漂白液，再将清洗过的坚果倒入缸内，使漂白液淹没坚果，搅拌5～8分钟。当壳面变白时，立即捞出并用清水冲洗后摊开晾晒。只要漂白液不浑浊，可反复利用，进行多次漂白。通常1千克次氯酸钠可漂洗核桃80千克。

作种子用的坚果不能进行漂洗和漂白，否则会影响种子的出苗率。

漂洗后的坚果不宜在阳光下进行暴晒，应先在苇席上晾半天左右，等壳面晾干后再放在阳光下摊开晾晒，以免湿果暴晒后导致壳皮翘裂，影响坚果品质。

晾晒核桃坚果的厚度以不超过两层坚果为宜，并不断搅拌或翻晒，使坚果干燥均匀，一般晾晒5～7天即可。晒干的坚果含水量应低于8%。南方多雨的地区可对漂洗后的坚果进行烘干处理。

五、坚果分级

在国际市场上，核桃坚果的商品价值与坚果的大小有关，坚果越大价格越高。

目前，我国外贸出口的核桃坚果分为三等，一等坚果的直径在30毫米以上，二等坚果的直径为28～30毫米，三等坚果的直径为26～28毫米。近年来，我国开始组织直径32毫米的坚果出口外销。

除坚果的大小外，还要求壳面洁白、光滑，种仁含水率不超过6.5%，杂质、腐烂果、破裂果总计不超过10%。

1987年我国颁布的《核桃丰产与坚果品质》的国家标准中，以坚果外观、平均单果重、取仁难易、种仁颜色、饱满程度、核壳的厚薄、出仁率及风味等八项指标，将坚果的品质分为4个等级。国家标准还规定，凡露仁、缝合线开裂、壳面或种仁有黑斑的坚果超过抽检样品数量的10%，不能评为优级和一级，夹仁坚果数量超过5%时则列入等外。

第五节　高接换优

对于立地条件较好、树龄小于20年、树势较强、无病虫为害的低产实生核桃园，高接后可以获得很好的效果。一般高接后第2年，产量就会达到高接前的水平，第3年超过未高接树。高接后3~5年，整个树冠可恢复到原来大小。

高接一般多在春季砧树萌芽至展叶期间进行，用1年生未萌芽的发育枝作接穗，应用最普遍、效果最好的嫁接方法是插皮舌接法。

嫁接时根据要改接树树龄和树体结构情况分为多头高接和主干高接，依嫁接过程中接穗的保湿方式可分为接包保湿和蜡封接穗保湿两种。蜡封接穗嫁接时操作简便，省工省料，工效高，接后管理环节少，效果好。

高接前对伤流严重的树应在树干基部锯口放水。高接注意事项与苗木嫁接相同。需要特别注意的是，高接后要及时除萌。当接穗新梢长到30厘米左右时，应在接口近处绑设支柱引绑新梢，以防风折。

第六章　核桃栽培园的建立

核桃园建立是核桃生产的基本建设。建园质量优劣是核桃能否早结果、早丰产和优质丰产的基础，关系到整个果园的效益，因此建园时，必须要有长远打算，全面规划，标准化操作，周密考虑当地农业结构、经济社会条件、适宜栽培核桃的土地面积，认真选择园址、园地，应选用优良品种，实行合理密植，科学栽培，为核桃的优质、高产创造良好的生态环境条件。

第一节　园地的选择及规划设计

一、园地的选择

虽然核桃具有分布范围广，适应性强等特点，但其对生存环境条件也有比较严格的要求，只有正确认识其特性，才能做到适地适树，从而提高其生产效益。例如，在农村好多人认为核桃适宜于阴坡，其实只是因为在水肥较差的栽培条件下，分布在阴坡的核桃树要比在阳坡的表现要好而已，这并不是核桃真实特性的反映。

优质核桃规模化栽培园的建立，不仅要考虑到以后核桃园的肥水来源、果品贮藏、运输、机械化管理等问题，还必须根据核桃树生长发育规律、品种特性充分考虑其对外界自然条件的要求，以正确选定园址。具体情况可依据第二章核桃对环境条件的要求中的有关内容选择园址。

二、园地的规划设计

以前，核桃大多栽植在田边、地堰或利用四旁隙地零星栽植，近年来成片栽植逐渐增多。随着土地的科学利用和机械化程度的提高，园地选择与规划成为一项十分重要的工作。园地选定后，应根据建园任务与当地自然条件，本着集约化、规模化，充分利用土地、光能、空间的原则和便于经营管理来全面规划。规划的内容包括小区的划分、道路系统的安排、管护房的设置、排灌系统的设计、防护林的营造、山地水土保持工程的修建等。

（一）小区规划

为了便于管理，建立核桃园应因地制宜地将园地划分成若干生产小区。山地果园则以自然分布的沟、渠、道路划分，尽量与等高线平行，以便于管理和进行水土保持工作。平地以3～7公顷为一小区，为了便于机械耕作，小区一般以长方形为好。小区的方向最好为南北向，有利于获得较好的光照、提高果品产量和质量。滩地小区的长边应与当地主风向垂直，以便与防风林配合。

（二）道路规划

果园道路系统的配置，以便于机械化作业、田间活动、提高劳动效率、减轻劳动强度为原则。全园各作业小区，都要用道路连接起来，由主路、支路和田间作业道路组成。道路的宽度以能通过汽车或小型拖拉机为准，主路宽5～7米，支路宽4～5米，作业道路宽2～3米。

（三）排灌系统规划

建园时，必须建立起完整的灌水和排水系统。山坡、丘陵地建园，多利用水库、池塘、水窖、坝来拦截地面径流蓄水灌溉。临河的山地，要设计安排提灌站、引水上山；若距河流较远，则利用地下水为灌溉水源，但水质必须是未受污染的合格水。为合理灌水、节约用水，生产上要大力推广喷灌、滴灌、管灌等水利设施，且省工、省地适应性强，用途广，增产显著。核桃树不耐涝，对低洼易积水的地方，要建立排水系统。

（四）防护林规划

防风林可以降低风速，减少风害，减少土壤蒸发和土壤侵蚀，保持水土、削弱寒流，增加空气温度和湿度等效果。主林带要与有害风向垂直，栽植3～5行乔木，带距300～400米，其余林带与道路结合，在路的一侧栽植1～2行乔木。山地的防护林应设在分水岭上。林带的结构，宜用透风林带、乔灌木结合，选用的树种要材质佳、经济价值高、生长旺盛、冠形密集与果树无共同或互相传染的病虫害，林带距核桃有足够的间隔距离，不少于15米。

第二节　栽植技术

一、整地

核桃栽植前应按规定的株行距挖定植穴或沿定植线开沟，穴长、宽、深各为1米，槽沟宽80厘米、深1米。地形复杂的山地建园，最好先撩壕或修梯田，然后栽树。挖穴或开沟时，挖出的表土和底土分别放在两侧。最好是春栽秋挖穴，秋栽夏挖穴，提前挖可使坑内土壤有较长的风化时间。如果土壤黏重或下层为石砾则应加大定植穴，并采用客土、掺煤渣、增肥或表层土等办法，以改良土壤质地，为根系生长创造良好条件，定植穴挖好后，必须先做好定植穴的回填工作，将表土和有机肥、化肥混合回填。每穴施优质农家肥30～50千克，磷肥1～2千克，在肥料不足时，坑底可放30厘米厚的树叶、草蒿或碎秸秆，若用人粪尿浇灌效果更好。

二、栽植

我国幅员辽阔，气候、地形多种多样，发展核桃极为有利。

应遵循因地制宜，适地适树，发展良种，科学栽培，注重效益等基本原则。

（一）苗木选择

建立优质高效核桃园选用嫁接壮苗十分重要，忌栽实生苗、假嫁接苗、劣等苗。有了优良品种，但苗木达不到健壮要求，也会直接影响到栽植成活率和商品性生产，往往造成前功尽弃的严重后果。因此，为保证核桃商品生产健康发展，必须注重选用核桃壮苗及其保护措施。主要包括以下几项。

一是苗砧在20厘米以下，嫁接结合处愈合牢固，直径在1厘米以上，高度不少于60厘米，有5个以上饱满芽。二是根系较为完整，主根长度在30厘米以上，有5条以上侧根，侧根长度在20厘米以上。三是无检疫病虫和风干、日灼、冻害现象。四是随栽植随起苗，起苗前浇透水。最好在无风的阴天起苗，起苗后要遮住苗根，防止风吹日晒。五是调运、装车前要分级、分品种包装，每10株或20株1捆，蘸泥浆后用塑料袋套根，并用篷布封围，保证运输过程中无风吹袭、不脱水分，卸车后立即栽植，当日栽不完要假植保护或放屋内用湿沙埋藏。

（二）品种选配

不同立地类型有最适宜的栽培方式和最优良的栽培品种。我国北方核桃栽培区立地类型大体分为3类：一是平川区，交通、气候、土壤、灌溉条件较好，可建立中等密度园。适宜栽培的品种有鲁光、丰辉、香玲、中林1号、中林3号、薄丰、薄壳香、阿扎343等。二是低山丘陵区，各种条件较平川区差，但昼夜温差大，通风和光照条件好，有利于提高果实品质。可根据小地形建立集约化栽培园。适宜栽培的品种有中核短枝、辽宁1号、辽宁3号、辽宁4号、中林5号、西扶1号、陕核1号、陕核2号。三是中山丘陵区，栽培条件最差。一般海拔在

1 000米以上，坡度在20°以上，土壤有机质在0.8%以下，无霜期在160天左右，是栽培核桃最差的区域，在这类地区可选择晚实品种，密度不要过大，宜搞林粮间作。适宜栽培的品种有清香、西洛1号、西洛2号、礼品1号、礼品2号等。

核桃属雌、雄同株，但绝大多数雌、雄花期不一，需异株授粉，所以大面积栽培应考虑授粉问题。因此，栽培时应着重选用口感好、壳薄、出仁率高、果仁颜色一致，丰产性强的雌先型品种（中核1号、中核2号、中核短枝、中林1号、中林3号、绿波、温185、京861、礼品2号、辽核5号）等。栽培同时选用与雌先型品种花期一致、花期长、花粉多的雄先型品种（阿扎343、辽核1号、香玲、薄壳香、中林5号）等（表6－1）。保证授粉受精，提高坐果率。主栽品种和授粉品种比例按3∶1或5∶1隔行配置，便于分品种管理和采收。

表6－1　主要核桃品种的适宜授粉品种

主栽品种	授粉品种
晋龙1号、晋龙2号、晋薄2号、西扶1号、香玲、西林3号	北京861、阿扎343、鲁光、中林5号
北京861、鲁光、中林3号、中林5号、阿扎343	晋丰、薄壳香、薄丰、晋薄2号
薄壳香、晋丰、辽核1号、新早丰、温185、薄丰、西洛1号、西洛2号	温185、阿扎343、北京861
中核短枝、中核1号、中核2号、中林1号	香玲、辽核1号、中林3号、辽核4号

（三）栽培密度和方式

核桃树喜光、生长快、成形早，经济寿命长，可以适当密植。栽植密度应根据立地条件、栽培品种和管理水平而异。栽植密度确定以后，本着经济利用土地，便于耕作的原则来确定品种，同时要考虑品种的生物学特性。常用的栽植方式有长方形栽植、正方形栽植、三角形栽植、等高栽植、带状栽植、计划密植等方式。一般在土层深厚，肥力较高的条件下，株行距应大些，可采用5米×6米或6米×8米的行距。山地栽植以梯田面宽度为准，一般一个台面1行，超过10米的可栽2行，株距一般为4～6米。实行果粮间作的核桃园，栽植密度不宜硬性规定，一般的株行距为5米×10米或6米×12米。对于早实核桃，因其结果早，树体较小，可按先密后稀进行计划密植，多采用3米×（4～5）米株行距定植，当树冠郁闭光照不良时，再隔株间伐，再郁闭时，可再次间伐。据河南省林州市林业局对辽核1号第4年时观测，核桃园过密容易及早郁闭，影响产量，从而缩短丰产园的寿命，而株行距密度超过5米×5米时，前期产量上不去，不能充分利用土地，影响前期效益。

（四）栽植时期和方法

春季为栽植核桃的好季节。春栽多在土壤解冻后至萌芽前进行。秋季多在落叶以后至地面上冻以前栽植。高海拔寒冷多风地区习惯于春栽，秋栽苗木易抽条或受冻。冬季温暖不干旱地区秋栽比春栽效果好，伤口及伤根可以愈合，翌春发芽早而且生长壮，成活率高。容器核桃苗栽植不受季节限制，一年四季均可栽植。根系带土团的核桃苗利用阴雨天栽植，随挖随栽，成活率也很高，不落叶，没有缓苗期。

栽植前苗木要修剪根系，并用石硫合剂溶液浸泡蘸根处理。远途调苗，需在清水中浸泡一昼夜后再栽植。栽植时要把苗木摆放在定植穴的中央，填土固定，力求横竖成行。苗木栽植深度以该苗原入土深度为宜，过深则生长不良，树势衰弱；过浅容易干旱，造成死苗。栽时要使根系舒展，均匀分布，边填土边踩实，并将苗木轻轻摇动上提，避免根系向上翻，与土壤紧密接触，一直将土填平、踩实。在树的周围做树盘，充分灌水，水完全下渗后，再于其上覆盖一层松土，并覆盖一层1米×1米的地膜，中间略低，四周用土压紧。可起到保墒、提高地温、防治虫害、抑制杂草，提高成活率，且苗木发芽快、生长旺盛。

三、栽后管理

“三分栽，七分管”，栽后管理非常重要。一是必须留足营养带，至少1米×1米，确保其他作物不与核桃幼苗争水争肥。二是盖上至少1平方米的薄膜，不仅可以减少水分蒸发，提高地温，促进根系提前愈合，还可以控制杂草生长。三是如果是秋季栽植，上冻前，树干要全部涂白，把较低的苗木用土堆埋好，对较高的苗木，可以压倒覆土，也可以用塑料薄膜包扎严实。待翌年春天，发芽前，把土扒开，解开薄膜。这样做的目的，都是为了防止苗木受冻干枯，影响成活率。四是苗木成活稳定后，及时抹除下部侧芽和砧木上的萌芽，同时要摘除雌、雄花芽。五是栽后第一年，如果遇到严重干旱，要及时灌水，确保苗木成活。六是在树冠未郁闭前，根据实际情况，在留足营养带的情况下，可合理间作套种，豆类、薯类、蔬菜、牧草、绿肥及浅根性中药材等。

四、土肥水管理

土肥水管理是果树生产中的基础内容和根本措施。核桃树是多年生植物，树大根深，长期生长在一个地方，必然要从土壤中吸收大量的营养物质，才能满足其生长发育的需要。为了提高核桃园的生产效益，确保早结果、丰产、稳产、优质，必须加强土肥水管理。

（一）土壤管理

1. 土壤耕翻

深翻改土是改良核桃园土壤条件的重要技术措施之一，不仅有利于改善土壤结构、增加透气性、提高保水保肥能力、减少病虫害发生，还有利于根系向深处发展，扩大营养吸收范围。土壤翻耕分为深翻和浅翻2种。深翻是每年或隔年沿着大量须根分布区的边缘向外扩宽40～50厘米、深60厘米左右的半圆形或圆形沟，然后将上层土放在底层，底层土放在上面，最后大水浇灌。深翻可在深秋、初冬季节结合施基肥或夏季结合压绿肥进行，分层将基肥或绿肥埋入沟内。在每年春秋季进行1～2次，深20～30厘米，在以树干为中心、半径为2～3米的范围内进行，深翻时应尽量避免伤及1厘米以上的粗根。有条件的地方可结合除草对全园进行浅翻。

2. 中耕除草

中耕除草可改善土壤温度和通气状况，消灭杂草，促进根系生长。中耕在整个生长季中均可进行。在早春解冻后及时耕耙或全园浅刨，并结合镇压，可以保持土壤水分，提高地温，促进根系活动。秋季进行深中耕，可使干旱地核桃园多蓄雨水，涝洼地核桃园散墒，防止土壤湿度过大及通气不良。

除草在不需要进行中耕的土地可单独进行。杂草不仅与核桃树竞争养分，有的还是病害的中间寄主，又是害虫的栖息处，容易导致病虫害发生蔓延，因此需要经常进行除草工作。为节省劳力，减少开支，可采用化学除草剂除草。一般百草枯多用于浅根、无地下茎、阔叶杂草，每亩用20%百草枯水剂150～200毫升，对水30升。草甘膦多用于有深根和有地下茎的1年生和多年生杂草，每亩用41%草甘膦水剂300～360毫升，对水60升喷雾。也可将百草枯与草甘膦交替或混合使用，除草效果更为显著。施药时尽量离植株有一定距离，喷头向下，宜在无风时进行，注意不要喷到树上。

3. 园地覆盖

果园覆盖就是用秸秆（小麦秸、油菜秆、玉米秸、稻草等农副产物和野草）或薄膜覆盖果园的方法。在果园中进行覆盖，能增加土壤中有机质含量，调节土壤温度（冬季升温、夏季降温），减少水分的蒸发与径流，提高肥料利用率，控制杂草生长，避免秸秆燃烧对环境造成的污染，提高果实品质。

（1）覆草。最宜在山地、沙壤地、土层浅的核桃园进行。覆盖材料因地制宜，秸秆、杂草均可。除雨季外，覆草可常年进行。覆草厚度以常年保持在 15 ~ 20 厘米为宜。过薄，起不到保温、增湿、灭草的作用；过厚，则早春地温上升慢，不利于根系活动。连续覆草 4 ~ 5 年后可有计划深翻，以促进根系更新。

（2）覆盖地膜。一般选择在早春进行，最好是春季追肥、整地、灌水或降雨后，趁墒覆盖地膜。覆盖地膜时，四周要用土压实，最好使中间稍低，以利于汇集雨水。在干旱地区覆盖地膜可显著提高幼树的成活率，所以对新植的幼树覆地膜尤为重要。

4. 合理间作

核桃园间作在生产上日益受到重视。核桃较其他果树容易管理，与粮食作物没有共同的病虫害，一般年份病虫发生较轻，用药次数少，不会污染环境。肥水方面虽存在矛盾，但是只要加强肥水管理，科学套种，便能获得树上树下双丰收。因此，核桃园间作，不仅可以充分利用光能、地力和空间，特别是可以提高幼龄核桃园的早期经济效益。如单一种植的早实核桃园，需 4 年时间才能达到收支平衡，间作栽培的核桃园则在建园当年就因间种作物的收益而达到收支平衡。目前，核桃园间作，已成为我国果农普遍采用的一种重要的栽培方式。

间作物的种类较多，包括薯类、豆科等低秆类作物、禾谷类作物以及果树苗木。河南省济源市在核桃园中套种中药材、小辣椒也取得了很好的收益。具体间作什么作物，要依据核桃园条件、肥力等因素不同，区别对待。

5. 水土保持

山地或丘陵地的核桃园，容易发生水土流失，为保证核桃树健壮生长，必须防止水土流失。梯田种植的核桃树，要经常整修梯田面和梯田壁，培好堰埂，加高坝堰，梯田内侧要留排水沟，充分发挥其蓄水保土的作用。栽植在沟谷和坡地上的核桃树，应修鱼鳞坑、垒石堰、栽树种草，防止水土流失。

6. 种植绿肥与行间生草

幼龄核桃园可进行间作。但间作物必须为矮秆、浅根、生育期短、需肥水较少，且主要需肥水期与核桃植株生长发育的关键期错开，不与核桃共有危险性病虫害或互为中间寄主。最适宜的间作物为绿肥作物，常用的绿肥作物有沙打旺、苜蓿、草木犀、杂豆类等，生长季将间作物刈割覆于树盘，或进行翻压。

成龄核桃园可以采用生草制，即在行间、株间种草，树盘清耕或覆草。所选草类以禾本科、豆科为宜。也可采取前期清耕，后期种植覆盖作物的方法，即在核桃需水肥较多的生长季前期实行果园清耕，进入雨季后种植绿肥作物，至其花期耕翻压入土中，使其迅速腐烂，增加土壤有机质。

（二）施肥

施肥是保证核桃树体生长发育正常和达到高产稳产的重要措施。核桃树体每年要从土壤中吸收大量的养分，尤其是进入盛果期后，产量逐年增加，对养分的需求量也逐渐增多，若土壤供肥不足或不及时，树体营养物质的积累与消耗之间将失去平衡，从而影响树体生长，产量下降。施肥除可直接供给树体养分外，农家肥还可以改善土壤的物质组成和土壤结构，有利于核桃幼树的发育，促进花芽分化，促使幼树提早结果。

1. 施肥的依据

应根据营养诊断结果、树体的生长发育特点、土壤的供肥特性，确定施肥时期、肥料种类和施肥量。

（1）营养诊断结果。根据诊断结果，适时、适量地施入核桃树体所需的各种营养元素。营养诊断的方法有2种。

①形态诊断：是根据树体的外部形态，判断某些营养元素的丰缺，指导施肥。当营养正常的时候，树体表现为叶片大而多，叶厚而浓绿，枝条粗壮，芽体饱满，结果均匀，品质优良。当树体中某种营养元素不足或过多时，植株根、茎、叶、花、果就会表现出相应的症状，可以根据这些症状判断植株的营养状况。

②叶分析：叶分析是按统一规定的标准方法测定叶片中矿物质元素的含量，与叶分析的标准值比较，确定该元素的盈亏，再依据当地土壤养分状况（土壤分析）、肥效指标及矿物质元素间的相互作用，制定施肥方案和肥料配比，指导施肥。

（2）树体的生长发育特点。树体在不同的年龄时期和不同物候期，其生长发育特点不同，所需养分的种类和数量不同，应根据树体的不同需要进行施肥。如幼树期根、枝、叶生长量大，树体对氮肥的需求多，此期施肥应以氮肥为主，磷、钾肥为辅；盛果期树的营养生长和生殖生长处于相对平衡状态，所需营养量大而全面，此期除施入大量的氮、磷、钾肥外，还应增施有机肥。

（3）土壤的供肥特性。土壤中营养元素受到成土母岩、耕作制度和间作物等的影响。不同的土壤类型、质地所含养分及供肥特性不同，应根据土壤的肥力来进行施肥。

2. 施肥的种类和时期

核桃树在一年的生长发育中，开花、坐果、果实发育、花芽分化均是核桃树需要营养的关键时期，要根据核桃的不同物候期进行合理施肥。施肥方式有基肥、追肥和叶面喷肥 3 种。

（1）基肥。基肥以腐熟的有机肥料为主，如腐殖酸类肥料、堆肥、厩肥、圈肥、粪肥、绿肥、作物秸秆、杂草、枝叶等。它能够在较长时间内持续供给核桃生长发育所需要的多种养分，而且能增加土壤孔隙度，改善土壤的水、肥、气、热状况，有利于微生物活动。试验表明，对 25～30 年生核桃树，若按每株需纯氮 1.5～1.8 千克计，厩肥的施用量每株应为幼树不少于 25～50 千克、初果期树 50～100 千克、盛果期树 200～250 千克、更大的树不应少于 400 千克。至于基肥的种类，从应用效果来看，以厩肥效果最好，在大面积栽植核桃和厩肥肥源不足的情况下，可以采用种绿肥作物代替厩肥的方法，如草木犀、沙打旺、毛叶苕子、紫穗槐等都是很好的绿肥作物。种植绿肥后，在有灌水条件的地方，可在树盘下直接翻压；如果土壤瘠薄，水分条件差，则可在刈割后经高温堆沤再施入土中。

基肥可以秋施也可以春施，但一般以秋施为好。秋季核桃果实采收前后，树体内的养分被大量消耗，并且根系处于生长高峰，花芽分化也处于高峰时期，急需补充大量的养分。同时，此时根系旺盛生长有利于吸收大量的养分，光合作用旺盛，树体贮存营养水平提高，有利于枝芽充实健壮，增加抗寒力。所以，秋施基肥宜早为好，过晚不能及时补充树体所需养分，影响花芽分化质量。一般核桃基肥在采收前后（9 月）施入为最佳时间。施肥以有机肥为主，可加入部分速效性氮肥或磷肥。施基肥可采用放射状施肥、环状施肥、穴状施肥或条状沟施肥等方法（图 6－1），但以开沟 50 厘米左右深施，或结合秋季深翻改土施入为最好。施肥时一定要注意全园普施、深施，然后灌足水分。

（2）追肥。追肥是对基肥的一种补充，主要是在树体生长期中施入，以速效性肥料为主，如硫酸铵、尿素、碳酸氢铵以及复合肥等。其主要作用是满足某一生长阶段核桃树体对养分的大量需求。

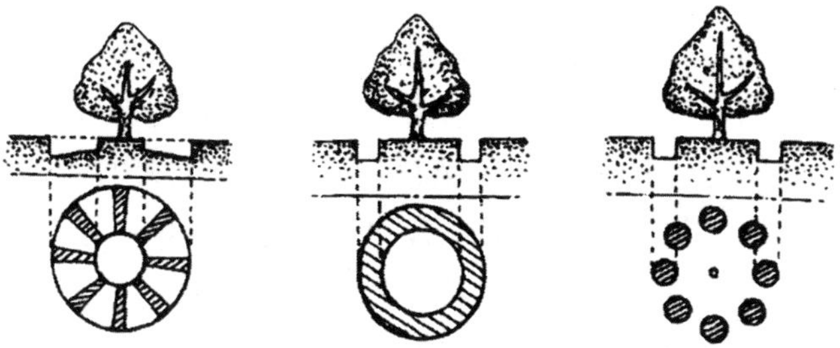

图 6－1　放射状施肥、环状施肥、穴状施肥

追肥的次数和时间与气候、土壤、树龄、树势诸多因素均有关系。高温多雨地区、沙质壤土肥料容易流失，追肥宜少量多次。树龄幼小、树势较弱的树，也宜少量多次性追肥。追肥应满足树体的养分需要，因此施肥与树体的物候期也紧密相关。萌芽期新梢生长点较多，花器官中次之。开花期，树体养分先满足花器官需要。坐果期，先满足果实养分需要，新梢生长点次之。全年中，开花坐果期是需肥的关键时期，幼龄核桃树以每年追肥 2～3 次，成年核桃树追肥 3～4 次为宜。

第一次追肥是在核桃开花前或展叶初期进行，以速效氮肥为主。主要作用是促进开花坐果和新梢生长，追肥量应占全年追肥量的 50%。根据核桃品种及土壤状况不同进行追肥，早实核桃一般在雌花开放以前，晚实核桃在展叶初期（4 月上中旬）施入。此期是决定核桃开花坐果、新梢生长量的关键时期，要及时追肥，以促进开花坐果，增大枝叶生长量，肥料以速效性氮肥为主，如硝酸铵、磷酸氢铵、尿素，或是果树专用复合肥。施肥方法以放射状施肥、环状施肥、穴状施肥均可，施肥深度应比施基肥浅，以20厘米左右为佳。

第二次追肥在幼果发育期（6月）进行。早实核桃开花后、晚实核桃展叶末期（5月中下旬）施入。此期新梢的旺盛生长和大量的坐果需消耗大量养分，及时追施氮肥可以减少落果，促进果实的发育和膨大，同时促进新梢生长和木质化形成。另外，核桃树在硬核期的前1～2周内，也正是雌花芽分化的基础阶段，适时适量增施速效性肥料，能够提高氮素的营养水平，增加树体碳水化合物的积累，有利于花芽的分化。肥料以速效性氮肥为主，增施适量的磷肥（过磷酸钙、磷矿粉等）、钾肥（硫酸钾、氯化钾、草木灰等），追肥量占全年追肥量的30%。施肥方法与第一次追肥方法相同。

第三次追肥在坚果硬核期（7月）进行，以三元复合肥为主。此期核桃树体主要进入生殖生长旺盛期，核仁开始发育，同时花芽进入迅速分化期，需要大量的氮、磷、钾肥。肥料施入以磷、钾肥为主，适量施入氮肥，此期追肥量占全年追肥量的20%。如果以有机肥进行追肥，要比速效性肥料提前20～30天施入，以鸡粪、猪粪、牛粪等为主，施用后的效果会更好。追施方法同第一次追肥。

第四次追肥在果实采收后进行。采果后，由于果实的发育消耗了树体内大量的养分，花芽继续分化也需要大量的养分。及时补充土壤养分，可以恢复树势，增加树体养分贮备，提高树体抗逆性，为翌年生长结果打下良好的基础。

（3）叶面喷肥。又称根外追肥，是土壤施肥的一种辅助性措施，是将一定浓度的肥料溶液用喷雾工具直接喷洒到果树叶片上，从而提高果实质量和数量的施肥方法。

叶面喷肥利用了果树上部包括茎、叶、果皮等器官能直接吸收养分的特性，具有直接性和速效性等优点。一般根外施肥15分钟至2小时左右便可以吸收，特别是在遇到自然灾害或突发性缺素症时，或为了补充极易被土壤固定的元素，通过根外施肥可以及时挽回损失。因此，根外追肥成本低，操作简单，肥料利用率高，效果好，是一种经济有效的施肥方式。

根外追肥的肥料种类、浓度、喷肥时间主要依土壤状况、树体营养水平具体情况而定。常用的原则是生长期前期浓度可适当低些，后期浓度可高些，在缺水少肥地区次数可多些。一般根外施肥宜在8~10时或16时以后进行，阴雨或大风天气不宜进行，如遇喷肥15分钟后下雨，可在天气变晴以后补施1遍最好。

喷肥一般可喷0.3%~0.5%尿素、过磷酸钙、磷酸钾、硫酸铜、硫酸亚铁、硼砂等肥料，以补充氮、磷、钾等大量元素和其他微量元素。花期喷硼可以提高坐果率。5—6月喷硫酸亚铁可以使树体叶片肥厚，增加光合作用。7—8月喷硫酸钾可以有效地提高核仁品质。

3. 施肥方法

（1）放射沟施肥。是5年以上幼树较常用的施肥方法。具体做法是从树冠边缘不同方位开始，向树干方向挖4~8条放射状的施肥沟，沟的长短视树冠的大小而定，通常为1~2米，沟宽40~50厘米，深度依施肥种类及数量而定，不同年份的基肥沟的位置要变动错开，并随树冠的不断扩大而逐渐外移（图6-1）。近年来，此法在大树上也有应用。

（2）环状沟施肥。常用于4年生以下的幼树，施肥方法是在树干周围，沿着树冠的外缘，挖1条深30~40厘米、宽40~50厘米的环状施肥沟，将肥料均匀施入埋好（图6-1）。基肥可埋深些，追肥可浅些（磷肥深些，氮肥浅些）。施肥沟的位置应随树冠的扩大逐年向外扩展。此法也可用于大树施基肥。

（3）穴状沟施肥。多用于施追肥。具体做法是以树干为中心，从树冠半径的1/2处开始，挖成若干个小穴，穴的分布要均匀，将肥料施入穴中埋好即可（图 6－1）。亦可在树冠边缘至树冠半径 1/2 处的施肥圈内，在各个方位挖成若干不规则的施肥小穴，施入肥料后埋土。

（4）条状沟施肥。适用于幼树或成年树。具体做法是于行间或株间，分别在树冠相对的两侧，沿树冠投影边缘挖成相对平行的 2 条沟，从树冠外缘向内挖，沟宽 40～50 厘米，长度视树冠大小而定，幼树一般为 1～3 米。深度视肥料数量而定。翌年挖沟的位置应换到另外相对的两侧。

（5）全园撒施。是过去大树施肥常用的方法。做法是先将肥料均匀地撒入全园，然后浅翻。此法简便易行，但缺点是施肥过浅，经常撒施会把细根引向土壤表层。

上述几种土壤施肥的方法，无论采用哪一种，施肥后均应立即灌水，以增加肥效；若无灌溉条件，也应做好保水措施。

4. 施肥量

我国根据核桃树的生长发育状况及土壤肥力不同，提出了早实和晚实核桃的基肥参考施肥量。按树冠垂直投影面积计算，晚实核桃栽植后 1～5 年、早实核桃 1～10 年，年施有机肥 5 千克/平方米，20～30 年生树株施有机肥不低于 200 千克。如土壤等条件较差、树体长势较弱且产量较高时，应适当增加基肥用量。肥源不足的地区，可广泛种植和利用绿肥。

5. 微肥施用

当土壤中缺乏某种微量元素或土壤中的某种微量元素无法被植物吸收利用时，树体会表现相应缺素症，这时应及时加以补充。核桃树常见的缺素症和防治方法如下。

（1）缺锌症。俗称小叶病。表现为叶小且黄，严重缺锌时全树叶片小而卷曲，枝条顶端枯死。有的早春表现正常，夏季则部分叶片开始出现缺锌症状。防治方法为，可在叶片长至最终大小的3/4时，喷施0.3%～0.5%硫酸锌溶液，隔15～20天再喷1次，共喷2～3次，其效果可持续几年。也可于深秋依据树体大小，将定量硫酸锌施于距树干70～100厘米、深15～20厘米的沟内。

（2）缺硼症。主要表现为枝梢干枯，小叶叶脉间出现棕色小点，小叶易变形，幼果易脱落。防治方法为，可于冬季结冻前，土壤施用硼砂1.5～3千克，或喷布0.1%～0.2%硼酸溶液。应注意的是，硼过量也会出现中毒现象，其树体表现与缺硼相似，生产中要注意区分。

（3）缺铜症。常与缺锰同时发生，主要表现为核仁萎缩，叶片黄化早落，小枝表皮出现黑色斑点，严重时枝条死亡。防治方法为，可在春季展叶后喷波尔多液，或距树干约70厘米处开20厘米深的沟施入硫酸铜。也可直接喷施0.3%～0.5%硫酸铜溶液。

（三）水分管理

1. 灌水

一般年降水量为600～800毫米，且分布在比较均匀的地区，基本上可以满足核桃生长发育对水分的需求。我国南方的绝大部分及长江流域的陕南、陇县地区，年降水量都在800～1 000毫米，一般不需要灌水。北方地区年降水量多在500毫米左右，且分布不均，常出现春夏干旱，需要灌水以补充降水的不足。具体灌水时间和次数应根据当地气候、土壤及水源条件而定。一般认为，当田间最大持水量低于60%时，容易出现叶片萎蔫、果实空壳、产量下降等问题，应及时进行补水。按照核桃的生长发育规律，需水较多的几个时期如下。

（1）春季萌芽前后。3—4月，树体需水较多，核桃进入芽萌动阶段且开始抽枝、展叶，此时的树体生理活动变化急剧而且迅速，1个月时间要完成萌芽、抽枝、展叶和开花等过程，需要大量的水分，而北方又往往春季干旱，每年要灌透萌芽水。

（2）开花萌芽前后。5—6月，雌花受精后，果实进入迅速生长期，其生长量占全年生长量的80%以上。6月下旬，雌花芽的分化已经开始，均需要大量的水分和养分，是全年需水的关键时期。干旱时，要灌透花后水。

（3）花芽分化期。7—8月，此期核桃树体的生长发育比较缓慢，但是核仁的发育刚刚开始，并急剧且迅速，同时花芽的分化也正处于高峰时期，均要求有足够的养分和水分供给树体。通常核桃正值北方的雨季，不需要进行灌水，如遇长期高温干旱的年份，需要灌足水分，以免此期缺水，给生产造成不必要的损失。

（4）封冻水。10月末至11月落叶前，树体需要进行调整，应结合秋施基肥灌足封冻水。一方面可以使土壤保持良好的墒情，另一方面此期灌水能加速秋施基肥快速分解，有利于树体吸收更多的养分，并进行贮藏和积累，提高树体新枝的抗寒性，也为越冬后树体的生长发育贮备营养。

2. 穴贮肥水

穴贮肥水多用于山地无灌溉条件的果园，是一项简单易行、投资少、效益高的节水抗旱技术，具有节肥、节水的特点。具体方法是早春在树冠外围均匀地挖4个直径0.4米、深0.35米的小穴，埋入直径0.3米、长0.3米的草把，四周用有机质与土混合后填实，并适量灌水，然后整理树盘，使营养穴低于地面1~2厘米，形成盘子状。每穴灌水3~5升即可覆膜。将薄膜裁开拉平，盖在树盘上，一定要把营养穴盖在膜下，四周及中间用土压实。每穴覆盖地膜1.5~2平方米，地膜边缘用土压严，中央正对草把上端钻一小孔，用石块或土堵住，以便将来追肥灌水或承接雨水。一般在花后（5月上中旬）、新梢停止生长期

(6月中旬）和采果后3个时期，每穴追肥50～100克尿素或三元复合肥，将肥料放于草把顶端，随即灌水3.5升左右。进入雨季，撤去地膜，使穴内贮存雨水。一般贮养穴可维持2～3年，草把应每年换1次，发现地膜损坏后及时更换。再次设置贮养穴时改换位置，逐渐实现全园改良。

3. 灌水量

最适宜的灌水量，应在一次灌溉中，使果树根系分布范围内的土壤湿度达到最有利于果树生长发育的程度。只浸润土壤表层或上层根系分布的土壤，不能达到灌溉目的，且由于多次补充灌溉，容易引起土壤板结、地温降低，因此必须一次灌透。深厚的土壤，需一次浸润土层1米以上。浅薄土壤，经过改良，也应浸润0.8～1米。

根据不同土壤的持水量、灌溉土壤湿度、土壤容重、要求土壤浸润的深度，计算出一定面积的灌水量，即：灌水量＝灌溉面积×土壤浸润程度×土壤容重×（田间持水量－灌溉前土壤湿度)，灌溉土壤湿度每次灌水前均需测定田间持水量、土壤容重、土壤浸润深度等项，可数年测定1次。

4. 灌水方法

灌水方法是核桃园灌水的一个重要环节。下面介绍几种灌水方法。

（1）沟灌。在核桃园行间开灌溉沟，沟深20～25厘米，并与配水道相垂直，灌溉沟与配水道之间有微小的比降。灌溉沟的数目可因栽植密度和土壤类型而异，密植园每一行间开一条沟即可。稀植园如为黏重土壤，可在行间每隔100～150厘米开沟；如为轻松土壤，则每隔75～100厘米开沟。灌溉完毕，将沟填平。

沟灌的优点是灌溉水经沟底和沟壁渗入土中，对全园土壤浸湿较均匀，水分蒸发量与流失量均较小，经济用水；防止土壤结构的破坏；土壤通气良好，有利于土壤微生物的活动；减少果园中平整土地的工作量；便于机械化耕作。因此，沟灌是地面灌溉的一种较合理的方法。

（2）分区灌溉。把核桃园划分成许多长方形或正方形的小区，纵横做成土埂，将各小区分开，通常每一棵树单独成为一个小区。此法缺点是易使土壤表面板结，破坏土壤结构，做许多纵横土埂，既费劳力，又妨碍机械化操作。

（3）盘灌。以核桃树干为中心，在树冠投影内以土埂围成圆盘，圆盘与灌溉沟相通。灌溉时水流入圆盘内，灌溉前疏松盘内土壤，使水容易渗透，灌溉后耙松表土，或用草覆盖，以减少水分蒸发。此法用水较经济，但浸润土壤的范围较小，果树的根系比树冠大 1.5～2 倍，故距离树干较远的根系，不能得到水分的供应。同时，仍有破坏土壤结构、使表土板结的缺点。

（4）穴灌。在核桃树冠投影的外缘挖穴，将水灌入穴中，以灌满为度。穴的数量依树冠大小而定，一般为 8～12 个，直径 30 厘米左右，穴深以不伤粗根为准，灌后将土还原。干旱期穴灌，也将穴覆草或覆膜长期保存而不盖土。此法用水经济，浸润根系范围的土壤较完全而均匀，不会引起土壤板结，在水源缺乏的地区，采用此法为宜。

（5）喷灌。喷灌基本不产生深层渗漏和地面径流，可节约用水 20% 以上，对渗漏性强、保水性差的沙土可节省 60%～70% 的水。减少对土壤结构的破坏，可保持原有土壤的疏松状态。喷灌与地面灌溉相比，有以下优点：一是可调节果园的小气候，减免低温、高温、干风对果园的危害。在辐射霜冻时，可使叶温提高 1.1～2.2℃，平流霜冻时，可使叶温提高 0.5～1.1℃，从而收到防霜效果。二是节省劳力，工作效率高。便于田间机械作业，为施用化肥、喷施农药和除草剂等创造条件。

三是对平整土地要求不高，地形复杂的山地也可采用。

喷灌的缺点是可能加重某些果树感染真菌病害；在有风的情况下（风速在3.5米/秒以上时），喷灌难做到灌水均匀，并增加水量损失。喷灌设备价格高，增加果园的投资。喷灌系统一般包括水源、动力、水泵、输水管道及喷头等部分。

（6）滴灌。滴灌是机械化与自动化相结合的先进灌溉技术，是以水滴或细小水流缓慢地施于核桃根域的灌水方法。从滴灌的劳动生产率和经济用水的观点来看是很有前途的，滴灌的优点：一是节约用水，滴灌仅湿润作物根部附近的土层和表土，因此大大减少水分蒸发。二是节约劳力，滴灌系统可以全部实现自动化，将劳动力减少至最低限度。滴灌系统还适用于丘陵和山地。三是有利于果树生长结果，滴灌能经常地对根域土壤供水，均匀地维持土壤湿润，不过分潮湿和过分干燥。同时，可保持根域土壤通气良好。如滴灌结合施肥，则更能不断供给根系养分，在盐碱地采用滴灌，还能稀释根层盐液浓度。因此，滴灌可为果树创造最适宜的土壤、水分、养分和通气条件，促进果树根系及枝、叶生长，从而提高果树产量并改进果实品质。

滴灌的缺点是需要管材较多，投资较大；管道和滴头容易堵塞，严格要求良好的过滤设备；滴灌不能调节气候，不适于冻结期应用。

（7）渗灌。渗灌是借助于地下的管道系统，使灌溉水在土壤毛细管作用下，自下而上湿润核桃根区的灌溉方法，也称为地下灌溉。

5. 排水

核桃树对地表积水和地下水位过高均较敏感，积水可影响土壤通透性，造成根部缺氧窒息，妨碍根系对水分和矿物质的正常吸收。如积水时间过长，叶片会萎蔫变黄，严重时根系死亡。此外，地下水位过高，会阻碍根系向下伸展。由于我国大部分核桃产区均属山区和丘陵区，自然排水良好，只有少数低洼地区和河流下游地区，常有积水和地下水位过高的情况，这些地区应注意修好行间排水沟或其他排水工程。目前，我国各地降低地下水位和排水的方法主要有以下几种。

（1）修筑台田。在低洼易积水地区，建园前修筑台田，台面宽8~10米，高出地面1~1.5米，台田之间留出深1.2~1.5米、高1.5~2米的排水沟。

（2）降低水位。在地下水位较高的核桃园中，可挖深沟，降低水位。根据核桃根系的生长深度可挖深2米左右的排水沟，使地下水位降到地表1~5米。

（3）排除地表积水。在低洼易积水的地区，可在核桃园的周围挖排水沟，这样既可阻止园外水流入，又便于园内地表积水的排出。也可在园中挖若干条排水沟进行排水。

（4）机械排水。当核桃园面积不大、积水量不多时，可利用排水机、泵进行排水。

五、整形修剪

整形修剪是核桃丰产栽培的一项重要措施，是以核桃生长发育规律、品种生物学特性为依据，与当地生态条件和其他综合农业技术协调配合的技术措施。整形修剪对幼树及初结果期树尤为重要，因为核桃在幼树阶段生长很快，如果任其自由发展，则不易形成良好的丰产树形结构，尤其是早实核桃，其分枝力强，结果早，易抽发一次枝，更容易造成树形紊乱，不利于正常生长与结果。因此，合理地进行整形修剪，使树冠具有良好的通风透光条件，对于保证幼树健康成长、促进早果丰产、维持营养生长与结果之间的良好平衡都具有重要意义，也为成年核桃树的丰产、稳产打下良好基础。

（一）整形

所谓整形，就是通过适当的修剪措施，培养和调整核桃骨干枝，使冠内各类枝条的分布合理，保证冠内通风透光条件，以形成一个良好的丰产树形。在稀植条件下，整形主要考虑个体的发展，使树体充分利用空间，达到树冠大，骨干枝结构合理，枝量多，层次分明，势力均衡。在密植时，则主要考虑群体的发展，注意调节群体叶幕结构和群体与个体间的矛盾，做到短枝多、长枝少、树冠矮、叶幕厚。目前，我国的核桃树形主要有具主干的疏散分层形和无主干的自然开心形 2 种，前者是目前生产中常见的树形。在生产实际中，应根据品种特点、栽植密度及管理水平等来确定合适的树形，总的原则是不必过分强调一定要整成什么样树形，做到因树修剪，随树做形，有形不死，无形不乱。

1. 定干

树干的高低与树高、栽培管理方式以及间作等关系密切，应根据核桃的品种特点、栽培条件及方式等因地因树而定。一般来说，晚实核桃结果晚，树体高大，主干可适当高些，如果株、行距较大，有间作，为便于作业，干高可留 1.5 ~2 米；如不间作，可留 1.2 ~1.5 米。山地核桃园因土层薄，肥力差，干高宜留 1 ~1.2 米。如果单纯从早实丰产角度考虑，以低干为宜；若考虑到果材兼用，提高干材的利用率，干高可达 3 米以上。早实核桃由于结果早，树体较小，干高可矮些，拟进行短期间作的核桃园，干高可留 0.8 ~1.2 米，早期密植丰产园干高可定为 0.3 ~1 米。

定干的方法也因早实、晚实核桃生长发育特点而异。正常情况下，晚实核桃 2 年生时很少发生分枝，3 ~4 年生以后开始少量分枝，基部主枝距地面可达 2 米以上，此时可通过选留主干的方法定干。具体做法是春季萌芽后，在定干高度的上方选留 1 个壮芽或健壮的枝条，作为第一主枝，并将其以下枝、芽全部剪除。如果幼树生长过旺，分枝时间推迟，为控制干高，可在要求干高的上方适当部位进行短截，促使剪口芽萌发，然后选留第一主枝。对分枝力强的品种，只要栽培条件好，也可采用短截的方法定干。早实核桃在一般情况下，2 年生树开始分枝并开花结实，每年株高生长为 0.6 ~ 1.2 米。其定干方法是在定植当年发芽后，抹除要求干高以下部位的全部侧芽。如幼树生长未达定干高度，可于翌年定干。如果顶芽坏死，可选留靠近顶芽的健壮侧芽，促其向上生长，待达到一定高度后再定干。定干时选留主干枝的方法同晚实核桃。

2. 培养树形

（1）疏散分层形。有明显的中心干，园片栽植园干高 1.2 ~ 1.5 米，间作园干高 1.5 ~2 米。中心干上着生 5 ~7 个主枝，分为 2 ~3 层。第一层 3 个主枝，第二层 2 个，第三层 1 ~2 个。该树形适于稀植大冠晚实型品种和果粮间作栽培方式。成形后具有枝条多、结果面积大、通风透光好、树体寿命长、产量高等优点。但结果稍晚，前期产量较低。整形过程如下。

①主枝选留：在 2 ~3 年生树定干后，要及时选留主枝。第一层主枝一般为 3 个，它们是全树结果的主体。这 3 个主枝要选留在 3 个不同方位（水平夹角约 120°），生长健壮，枝基角不小于 60% 腰角 70° ~80°，梢角 60° ~70°，层内两主枝间的距离不小于 20 厘米，避免轮生，以防主枝长粗后对中心干形成“卡脖”现象。有的树长势差，发枝少，可分 2 年培养。当晚实核桃 5 ~6 年生、早实核桃 4 ~5 年生已出现壮枝时，开始选留第二层主枝，与第一层主枝错位选留 1 ~2 个，避免重叠。晚实核桃和早实核桃 7 ~8 年生时，选留第三层主枝 1 ~2 个。各层层间距，晚实核桃 2 米左右，早实核桃 1.5 米左右。主枝留好后，从最上主枝的上方落头开心，各层主枝上下错开，插空选留，互不重叠。

②侧枝选留：选留第二层侧枝的同时，在第一层主枝的合

适位置选留2~3个侧枝。第一个侧枝距主枝基部的距离为：晚实核桃60~80厘米、早实核桃40~50厘米。晚实核桃6~7年生、早实核桃5~6年生时，继续培养第一层主、侧枝和选留第二层主枝上的1~2个侧枝。各级侧枝应交错排列，充分利用空间，避免侧枝并生拥挤。侧枝与主枝的水平夹角以45°~50°为宜，侧枝着生位置以背斜侧为好，切忌留背后枝。

主、侧枝是树体的骨架，整形过程中要保证骨架牢固，协调主从关系。定植4~5年后，树形结构已初步固定（图6-2），但树冠的骨架还未形成，每年应剪截各级枝的延长枝，促使分枝。8年后，主、侧枝已初选出，整形工作大体完成。在此之前，要调节均衡各级骨干枝的长势，过强的应加大基角，或疏除过旺侧枝，特别是控制竞争枝。树干较弱时，可在中心干上多留辅养枝，长势弱的骨干枝可抬起角度，通过调整，使树体各级主、侧枝长势均衡。

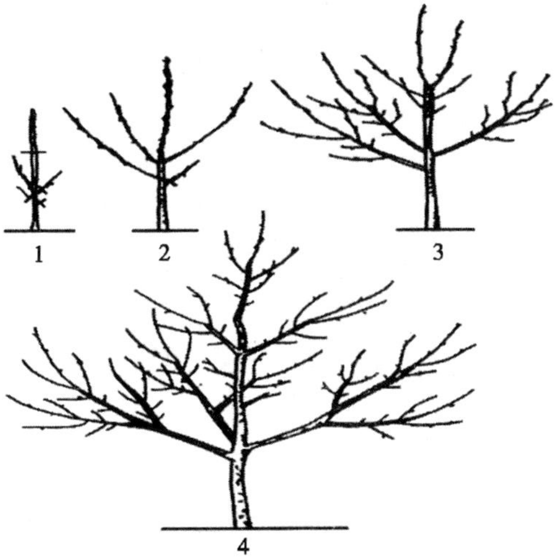

图6-2　疏散分层形整形过程

1. 定干；2. 第一年；3. 第二年；4. 第三年

(2) 自然开心形。无中心干，干高因品种和栽培管理条件而异。在肥沃的土壤条件下，干性较强或直立型品种，干高0.8~1.2米，早期密植丰产园干高0.4~1米。有3~5个主枝轮生于主干上，不分层，各主枝间的垂直距离为20~40厘米。该树形具有成形快、结果早、整形简便等特点，适合于树冠开张、干性较弱和密植栽培的早实型品种及土层较薄、肥水条件较差地区的晚实型品种。

整形过程如下。

①晚实核桃3~4年生、早实核桃3年生时，在定干高度以上，按不同方位留出2~4个枝条或已萌发的壮芽作主枝：各主枝基部的垂直距离一般为20~40厘米，主枝可一次或两次选留，各相邻主枝间的水平距离（或夹角）应一致或相近，且长势要一致。

②主枝选定后，要选留一级侧枝：每个主枝可留3个左右侧枝，上下、左右要错开，分布要均匀。第一侧枝距离主干的距离：晚实核桃0.8~1米，早实核桃0.6米左右。

③一级侧枝选定后，在较大的开心形树体中，可在其上选留二级侧枝：第一主枝一级侧枝上的二级侧枝数1~2个，其上再培养结果枝组，这样可以增加结果部位，使树体丰满。第二主枝的一级侧枝数2~3个。第二主枝上的侧枝与第一主枝上的侧枝间距：晚实核桃1~1.5米，早实核桃0.8米左右。至此，开心形的树冠骨架已基本形成（图6-3）。该树形要特别注意调节各主枝间的平衡。

（二）修剪时期

核桃在休眠期修剪有伤流，如果落叶后修剪，极易由伤口产生伤流液，伤流过多，易造成养分和水分流失，有碍正常生长结果。因此，核桃修剪时期与其他果树不同，冬季最好不修剪。据观察，伤流一般从落叶后11月中旬开始发生，伤流量逐渐增多，3月下旬芽萌动后，伤流逐渐停止。所以，核桃树修剪的适宜时期为核桃采收后至开始落叶时，或春季萌芽展叶后进行。

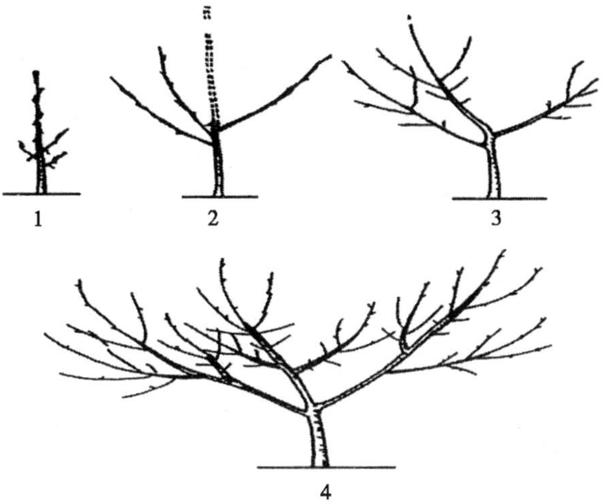

图 6－3　自然开心形整形过程

1. 定干；2. 第一年；3. 第二年；4. 第三年

（三）主要修剪技术

1. 短截

短截是指剪去 1 年生枝条的一部分。生长季节将新梢顶端幼嫩部分摘除，称之为摘心，也称之为生长季短截。在核桃幼树（尤其是晚实核桃）上，常用短截发育枝的方法增加枝量。短截的对象是从一级和二级侧枝上抽生的生长旺盛的发育枝，剪截长度为 1/4～1/2，短截后一般可萌发 3 个左右较长的枝条。在 1～2 年生枝交界轮痕上留 5～10 厘米剪截，类似苹果树修剪的“戴高帽”，可促使枝条基部潜伏芽萌发，一般在轮痕以上萌发 3～5 个新梢，轮痕以下可萌发 1～2 个新梢（图 6－4）。核桃树上中等长枝或弱枝不宜短截，否则易刺激下部发出细弱短枝，因髓心较大，组织不充实，影响树势。

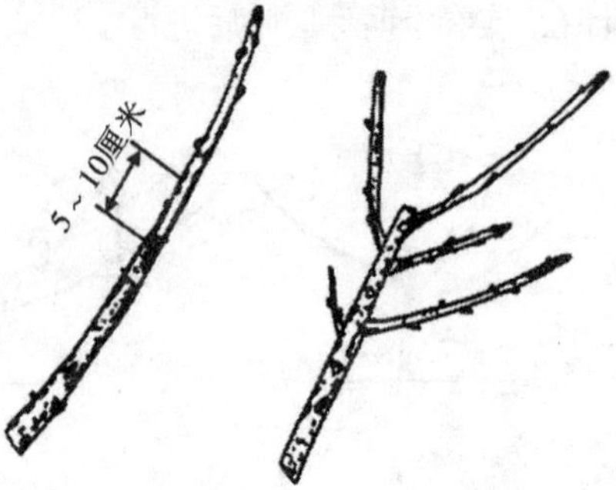

图 6－4　轮痕以上短截的反应

2. 疏枝

将枝条从基部疏除叫疏枝。疏除对象一般为雄花枝、病虫枝、干枯枝、无用的徒长枝、过密的交叉枝和重叠枝等。雄花枝过多，开花时要消耗大量营养，从而导致树体衰弱，修剪时应适当疏除，以节省营养。

3. 缓放

即不剪，又叫长放。其作用是缓和枝条长势，增加中短枝数量，积累营养，促进幼旺树结果。除背上直立旺枝不宜缓放外（可拉平后缓放），其余枝条缓放效果均较好。较粗壮且水平伸展的枝条长放，前后均易萌发长势近似的小枝（图 6－5）。这些小枝不短截，翌年生长一段，很易形成花芽。

4. 回缩对多年生枝剪

截叫回缩或缩剪，这是核桃修剪中最常用的一种方法。回缩的作用因回缩的部位不同而异，一是复壮作用，二是抑制作用。生产中复壮作用的运用有 2 个方面，一是局部复壮，如回缩更新结果枝组、多年生冗长下垂的缓放枝等。二是全树复壮，主要是衰老树回缩更新。

图6－5　水平状枝缓放效果

回缩时要在剪锯口下留一“辫子枝”。回缩的反应因剪锯口枝势、剪锯口大小等不同而异。对于细长下垂枝回缩至背上枝处可复壮该枝；对于大枝回缩，若剪锯口距枝条太近，对剪口下第一枝起削弱作用，而加强以下枝的长势。

5. 开张角度

通过撑、拉、拽等方法加大枝条角度，缓和长势，是幼树整形期间调节各主枝长势的常用方法。

6. 摘心和除萌

摘除当年生新梢顶端部分，可促进发生副梢、增加分枝，幼树主、侧枝延长枝摘心，促生分枝，加速整形过程。内膛直立枝摘心，可促生平斜枝，缓和长势，早结果。

冬季修剪后，特别是疏除大枝后，常会刺激伤口下潜伏芽萌发，形成许多旺枝，故在生长季前期应及时除去过多萌芽，有利于树体整形和节约养分，促进枝条健壮生长。幼树整形过程中，也常有无用枝萌发，在它初萌发时用手抹除为好，这样不易再萌发。

（四）不同树龄时期的修剪

1. 幼树的整形修剪

（1）幼树整形。应根据品种特点、栽培密度及管理水平等确定合适的树形，做到因树修剪，随枝造形，有形不死，无形不乱，切不可过分强调树形。

①定干：树干的高低与树高、栽培管理方式和间作等关系密切，应根据品种特点、土层厚度、肥力高低、间作模式等因地因树而定，如晚实核桃结果晚，树体高大，主干可适当高些，干高可留 1 ~ 1.5 米。山地核桃因土壤瘠薄、肥力差，干高以 1 ~ 1.2 米为宜。早实核桃结果早，树体较小，主干可矮些，干高可留 0.8 ~ 1.2 米。立地条件好的定干可高一些。密植时干可低一些，早期密植丰产园干高可定 0.8 ~ 1 米。果材兼用型品种，为提高干材的利用率，干高可达 3 米以上。

第一，早实核桃定干。在定植当年发芽后，抹除要求干高以下部位的全部侧芽。如幼树生长未达定干高度，可于翌年定干。如果顶芽坏死，可选留靠近顶芽的健壮芽，促其向上生长，待到一定高度后再定干。定干时选留主枝的方法与晚实核桃相同。

第二，晚实核桃定干。春季萌芽后，在定干高度的上方选留 1 个壮芽或健壮的枝条作为第一主枝，并将以下枝、芽全部剪除。如果幼树生长过旺，分枝时间推迟，为控制干高，可在要求干高的上方适当部位进行短截，促使剪口芽萌发，然后选留第一主枝。

②培养树形：主要有疏散分层形和自然开心形 2 种。

（2）幼树修剪。核桃幼树修剪是在整形的基础上，继续选留和培养结果枝和结果枝组，应及时剪除一些无用枝，是培养和维持丰产树形的重要技术措施。许多晚实类的核桃新梢顶芽肥大，优势很强，萌生侧枝及短枝力弱，可在新梢长 60 ~ 80 厘米时摘心，促发 2 ~ 3 个侧枝，这样可加强幼树整形效果，提早成形。核桃幼树的修剪方法，因各品种生长发育特点的不同而异，其具体方法有以下几种。

①控制二次枝：早实核桃在幼龄阶段抽生二次枝是普遍现

象。由于二次枝抽生晚，生长旺，组织不充实，必须进行控制，具体方法为：一是若二次枝生长过旺，可在枝条未木质化之前，从基部剪除。二是凡在一个结果枝上抽生 3 个以上的二次枝，可于早期选留 1～2 个健壮枝，其余全部疏除。三是在夏季，对选留的二次枝，如生长过旺，要进行摘心，控制其向外伸展。四是如一个结果枝只抽生 1 个二次枝，长势较强，于春季或夏季将其短截，以促发分枝，培养结果枝组。短截强度以中轻度为宜。

②利用徒长枝：早实核桃由于结果早、果枝率高、花果量大、养分消耗过多，常造成新枝不能形成混合芽或营养芽，以至于翌年无法抽发新枝，而其基部的潜伏芽就会萌发成徒长枝。这种徒长枝翌年就能抽生 5～10 个结果枝，最多可达 30 个。这些果枝由顶部向基部长势渐弱，枝条变短，最短的几乎看不到枝条，只能看到雌花。第三年中下部的小枝多干枯脱落，出现光秃带，结果部位向枝顶推移，易造成枝条下垂。必须采取夏季摘心法或短截法，促使徒长枝的中下部结果枝生长健壮，达到充分利用粗壮徒长枝、培养健壮结果枝的目的。

③处理好旺盛营养枝：对生长旺盛的长枝，以长放或轻剪为宜。修剪越轻，总发枝量、果枝量和坐果数就越多，二次枝数量就越少。

④疏除过密枝和处理好背下枝：早实核桃枝量大，易造成树冠内膛枝多、密度过大，不利于通风透光。对此，应按照去弱留强的原则，及时疏除过密的枝条。具体方法是从枝条基部剪除，切不可留桩，以利于伤口愈合。背下枝多着生在母枝先端背下，春季萌发早，生长旺盛，竞争力强，容易使原枝头变弱，而形成“倒拉”现象，甚至造成原枝头枯死。处理方法是在萌芽后或枝条伸长初期剪除。如果原母枝变弱或分枝角度过小，可利用背下枝或斜上枝代替原枝头，将原枝头剪除或培养

成结果枝组。如果背下枝长势中等，并已形成混合芽，则可保留其结果。如果背下枝长势健壮，结果后可在适当分枝处回缩，培养成小型结果枝。

2. 成年树的修剪

成年的核桃树，树形已基本形成，产量逐渐增加。进入此期核桃树的主要修剪任务是继续培养主、侧枝，充分利用辅养枝早期结果，积极培养结果枝组，尽量扩大结果部位。其修剪原则是去强留弱、先放后缩、放缩结合，防止结果部位外移。结果盛期以后，由于结果量大，容易造成树体营养分配失衡，形成大小年结果现象，甚至有的树由于结果太多，致使一些枝条枯死或树势衰弱，严重影响核桃树的经济寿命。成年树修剪要根据具体品种、栽培方式和树体本身的生长发育情况灵活运用，做到因树修剪。

(1) 结果初期树的修剪。此期树体结构初步形成，应保持树势平衡，疏除改造直立向上的徒长枝，疏除外围的密集枝及节间长的无效枝，保留充足的有效枝量（粗、短、壮），控制强枝向缓势发展（夏季拿、拉、换头），充分利用一切可以利用的结果枝（包括下垂枝），达到早结果、早丰产的目的。

①辅养枝修剪：对已影响主、侧枝的辅养枝，可以回缩或逐渐疏除，给主、侧枝让路。

②徒长枝修剪：可采用留、疏、改相结合的方法进行修剪。早实核桃应在结果母枝或结果枝组明显衰弱或出现枯枝时，通过回缩使其萌发徒长枝。对萌发的徒长枝，可根据空间选留，再经轻度短截，从而形成结果枝组。

③二次枝修剪：可用摘心和短截方法，将二次枝培养成结果枝组。对过密的二次枝则去弱留强。同时，应注意疏除干枯枝、病虫枝、过密枝、重叠枝和细弱枝。早实核桃重点是防止结果部位迅速外移，对树冠外围生长旺盛的二次枝短截或疏除。

（2）盛果期树的修剪。盛果期的大核桃树，树冠大部分接近郁闭或已经郁闭，外围枝量逐渐增多，且大部分成为结果枝，且由于光照不足，部分小枝干枯，主枝后部出现光秃带，结果部位外移，易出现隔年结果现象。因此，修剪的主要任务是调整营养生长和生殖生长的关系，不断改善树冠内的通风透光条件，不断更新结果枝，以达到高产稳产的目的。其修剪要点是疏病枝，透阳光，缩外围，促内膛，抬角度，节营养，养枝组，增产量。特别是要做好抬、留的科学运用，绝对不能一次性处理下垂枝，要本着三抬一、五抬二的手法（下垂枝连续 3 年生的可疏去 1 年生枝，5 年生枝缩至 2 年生处，留向上枝）。具体修剪方法如下。

①骨干枝和外围枝的修剪：晚实核桃随着结果量的增多，特别是丰产年份，大中型骨干枝常出现下垂现象，外围枝伸展过长，下垂得更严重。因此，对骨干枝和外围枝必须进行修剪。修剪的要点是及时回缩过弱的骨干枝。回缩部位可在有斜上生长的侧枝前部，按去弱留强的原则，疏除过密的外围枝，对可利用的外围枝适当短截，以改善树冠的通风透光条件，促进保留枝芽的健壮生长。

②结果枝组的培养：加强结果枝组的培养，扩大结果部位，防止结果部位外移，是保证核桃树盛果期丰产稳产的重要技术措施，特别是晚实核桃。合理结果枝组的配置表现为大、中、小配置适当，均匀地分布在各级主、侧枝上；在树冠内总体分布是里大外小，下多上少，使内部不空，外部不密，通风透光良好，枝组间距离为 0.6～1 米。培养结果枝组的方法有 4 种：一是先放后缩。即对 1 年生壮枝进行长放、拉枝，一般能抽生 10 多个果枝新梢，第二年进行回缩，培养成结果枝组。二是先截后放。在空间较大、培养大型结果枝组时，先对 1 年生壮枝中短截，第二年疏去前端的 1～2 个壮枝，其他枝长放，从而培

养成结果枝组。也可在6月上旬进行新梢摘心，促使分枝，冬剪时再回缩，1年即可培养成结果枝组。三是辅养枝改造。对有空间的辅养枝，当辅养作用完成后，可通过回缩方法培养成大型枝组，一般采用先放后缩的方法，枝组的位置以背斜枝为好。背上只留小型枝组，不留背后枝组。枝组间距离控制在60～80厘米。四是先缩后截。对于空间较小的辅养枝和多年生有分枝的徒长枝或发育枝，可采取先疏除前端旺枝，再短截后部枝条的方法培育成结果枝组。

③结果枝组的更新：由于枝组年龄过大，着生部位光照不良，过于密挤，结果过多，着生在骨干枝背后，枝组本身下垂，着生母枝衰弱等原因，均可使结果枝组长势衰弱，不能分生足够的营养枝，结果能力明显降低，这种枝组需及时更新。枝组更新要从全树长势的复壮和改善枝组的光照条件入手，并根据枝组不同情况，采取相应的修剪措施。枝组内的更新复壮，可采取回缩至强壮分枝或角度较小的分枝处，剪果枝、疏花果等技术措施。对于过度衰弱，回缩和短截仍不发枝的结果枝组，可从基部疏除。如果疏除后留有空间，可利用徒长枝培养新的结果枝组；如果疏除前附近有空间，也可先培养成新结果枝组，然后将原衰弱枝组逐年去除，以新代老。

④辅养枝的利用与修剪：辅养枝是指着生于骨干枝上的临时性枝条。其修剪要点为：一是辅养枝与骨干枝不发生矛盾时，可保留不动。如果影响主、侧枝的生长，就应及时去除或回缩。二是辅养枝生长过旺时，应去强留弱或回缩至弱分枝处。三是对长势中等、分枝良好、又有可利用空间者，可剪去枝头，将其改造成大中型结果枝组。

⑤徒长枝的利用和修剪：核桃成年树，随着树龄和结果量的增加，外围枝长势变弱或受病虫为害时，容易形成徒长枝，早实核桃更易发生。其具体修剪方法为：一是如内膛枝条较多，

结果枝组又生长正常，可从基部疏除徒长枝。二是如内膛有空间，或其附近结果枝组已衰弱，可利用徒长枝培养成结果枝组，促使结果枝组及时更新。三是在盛果末期，树势开始衰弱，产量下降，枯死枝增多，更应注意对徒长枝的选留与培养。

⑥背下枝的处理：晚实核桃树背下枝强旺和夺头现象比较普遍。背下枝多由枝头的第二个至第四个背下芽发育而成，长势很强，若不及时处理，极易造成枝头“倒拉”现象，必须进行修剪。其具体修剪方法是对长势中等，并已形成混合芽的，可保留结果。对于生长健壮的，待结果后，可在适当分枝处回缩，培养成小型结果枝组。如果已产生“倒拉”现象，原枝头开张角度又比较小，可将原枝头剪除，让背下枝取而代之。对无用的背下枝则要及时剪除。

（3）衰老期树的修剪。核桃树寿命长，在良好的环境和栽培管理条件下，生长结果可达百年乃至数百年。但在粗放管理条件下，早实核桃 40～60 年、晚实核桃 80～100 年以后进入衰老期。对于衰老期的核桃树，应有计划地更新复壮。更新的方式有 2 种，即全园更新和局部更新。

①主干更新：是将主枝全部锯掉，使其重新发枝并形成新主枝。主干更新应根据树势和管理水平慎重采用。

②主枝更新：在主枝的适当部位进行回缩，使其形成新的侧枝，逐渐培养成主枝、侧枝和结果枝。

③侧枝更新：将一级侧枝在适当的部位进行回缩，使其形成新的二级侧枝。侧枝更新具有更新幅度小、更新后树冠和产量恢复快等特点。

无论采用哪种更新方法，都必须在更新前后加强肥水管理和病虫害防治。只有这样才能增强树势，加速树冠、树势和产量的恢复，以达到更新复壮的目的。

(五) 放任大树的改造修剪

核桃实生多年放任生长树大部分表现为：大枝过多，层次不清，枝条紊乱，从属关系不明，主枝多轮生、叠生、并生，第一层主枝常有4～7个。盛果期树中心干弱，由于主枝延伸过长，先端密挤，基部秀裸，造成树冠郁闭，通风透光不良，内膛枝细弱，逐渐干枯死亡，导致内膛空虚，结果部位外移，结果枝细弱，连续结果能力降低，落花落果严重，坐果率一般只有20%～30%，产量很低。衰老树外围枯梢、结果能力很低，甚至形不成花芽，从大枝中下部萌生大量徒长枝形成自然更新，重新构成树冠，连续几年无产量或产量很低。

放任生长树的改造修剪应多种多样，但应本着因树修剪、随枝做形的原则，根据具体情况区别对待。中心干明显的树改造为主干疏层形，中心领导干很弱或无中心干的树改造为自然开心形。

1. 落实去顶

将最长而徒长的头顶去掉，控制树高，防止疯长。

2. 大枝的选留

大枝过多是放任生长树的主要矛盾，应首先解决好。修剪前要对树体进行仔细观察，全面分析，通盘考虑，重点疏除密挤的重叠枝、并生枝、交叉枝和病虫为害枝。三大主枝疏散分层形树留5～7个主枝，主要是第一层要选留好，一般可考虑留3～4个。

3. 中型枝的处理

中型枝是指着生在中心领导枝和主枝上的多年生枝。在大枝除掉后，虽然总体上大大改善了通风透光条件，为复壮树势、充实内膛创造了条件，但在局部仍显密挤，所以对中型枝也要及时处理，选留一定数量的侧枝。

4. 外围枝的调整

大中型枝处理后，基本上解决了枝量过多的问题，但外围枝冗长细弱，有些下垂枝，必须适当回缩，抬高角度，增强长势。

5. 结果枝组的调整

当树体营养得到调整，通风透光条件得到改善后，结果枝组有复壮的机会，这时对结果枝组进行调整，其原则是根据树体结构、空间大小、枝组类型（大、中、小型）与枝组的生长势来确定。对于枝组过多密挤的树，要选留生长健壮的枝组，疏除衰弱的枝组。对有空间的枝组可适当回缩、抬高角度，用壮枝带头，继续发展。

6. 内膛枝组的培养利用

对内膛徒长枝进行改造，改造修剪后的大树内膛结果率可达35%左右。培养结果枝组的方法是先放后缩，即对中庸徒长枝先短截，促进分枝，然后再对分枝适当处理，促其成花结果。

（六）其他管理措施

1. 幼树防寒

核桃幼树枝条髓心大，含水量较高，抗寒性差，在北方比较寒冷干旱的地区，越冬后新梢表皮皱缩干枯，俗称“抽条”，影响幼树树冠的形成。因此，在定植后的1～2年内，需进行幼树防寒工作。具体做法有3种。

（1）埋土防寒。在冬季土壤封冻前，把幼树轻轻弯倒，使其顶端接触地面，然后用土埋好，埋土厚度视当地的气候条件而定，一般为20～40厘米。待翌年春季土壤解冻后，及时撤土，把幼树扶直。此法虽费工，但效果良好。据北京市林果研究所3年试验证明，此法可有效地阻止抽条的发生。

（2）培土防寒。对粗矮的幼树，如不易弯倒，可在树干周围培土，最好将当年枝条培严。幼树较高时，不宜用此法。

（3）涂白防寒。幼树涂白，可缓和枝干阴阳面的温差，防寒效果较好。可在土壤结冻前涂抹。涂白剂的配方是：食盐0.5千克、生石灰6千克、清水15升，再加入适量的黏着剂和杀虫灭菌剂。也可用石硫合剂的残渣涂抹幼树枝、干。

2. 保花保果技术

（1）人工辅助授粉。核桃存在雌雄异熟现象，某些品种同一株树上，雌雄花期可相距20多天。花期不遇常造成授粉不良，严重影响坐果率和产量，分散栽种的核桃树更是如此。此外，由于受不良气象因素，如低温、降雨、大风、霜冻等的影响，雄花的散粉也会受到阻碍。在这些情况下，人工辅助授粉可显著提高坐果率。即使在正常气候条件下，人工辅助授粉也能提高坐果率5.1%～31%。人工辅助授粉步骤如下。

①采集花粉：从当地或其他地方生长健壮的成年树上采集将要散粉（花序由绿变黄）或刚刚散粉的雄花序，放在干燥的室内或无阳光直射的地方晾干，在20～25℃条件下，经1～2天即可散粉，然后将花粉收集在指形管或青霉素小瓶中，盖严，置于2～5℃的低温条件下备用。花粉生活力在常温下可保持5天左右，在3℃的冰箱中可保持20天以上。注意瓶装花粉应适当通气，以防发霉。为适应大面积授粉的需要，可将原粉加以稀释，一般按1∶10加入淀粉即可，稀释后的花粉同样可收到良好的授粉效果。

②选择授粉适期：当雌花柱头开裂并呈倒“八”字形，柱头羽状突起、分泌大量黏液，并具有一定光泽时，为雌花接受花粉的最佳时期。此时一般正值雌花盛期，时间为2～3天，雄先型植株的此期只有1～2天。因此，要抓紧时间授粉，以免错

过最适授粉期。有时因天气状况不良，同一株树上雌花期早晚可相差7～15天，为提高坐果率，有条件的地方可进行二次授粉。实践证明，在雌花开花不整齐时，二次授粉可比一次授粉提高坐果率8.8%左右。

③授粉方法：对树体较矮小的早实核桃幼树，可用授粉器授粉，也可用“医用喉头喷粉器”代替，将花粉装入喷粉器的玻璃瓶中，在树冠中上部喷布即可，注意喷头要离柱头30厘米以上。此法授粉速度快，但花粉用量大。也可用新毛笔蘸少量花粉，轻轻点弹在柱头上，注意不要直接往柱头上抹，以免授粉过量或损坏柱头，导致落花。对成年树或高大的晚实核桃树可采用花粉袋抖授法。具体做法是将花粉装入2～4层的纱布袋中，封严袋口，拴在竹竿上，然后在树冠上方迎风面轻轻抖撒。也可将即将散粉的雄花序采下，每4～5个为1束，挂在树冠上部，任其自由散粉，效果也很好，还可免去采集花粉的麻烦。此外，还可将花粉配成悬液（花粉与水之比为1∶5 000）进行喷洒，有条件时可在水中加10%蔗糖和0.02%硼酸，可促进花粉受精和发芽。此法既可节省花粉，又可结合叶面喷肥同时进行，适于山区或水源缺乏的地区。

（2）疏花疏果。指疏除核桃树上过多的雄花芽和幼果。疏花疏果由于节省了大量养分和水分，不仅有利于当年树体的发育，而且提高当年的坚果产量和品质，同时也有利于新梢的生长和保证翌年的产量。

①疏除雄花：疏雄时期原则上以早疏为宜，一般以雄花芽未萌动前的20天内进行为好，至雄花芽伸长期则疏雄效果不明显。疏雄量以90%～95%为宜，使雌花序与雄花数之比达1∶（30～60），但对栽植分散和雄花芽较少的核桃树可适当少疏或不疏。具体疏雄方法是用长1～1.5米带钩木杆，拉下枝条，人工掰除即可。也可结合修剪进行。

疏雄对核桃树的增产效果十分明显。据山西省林业科学研究所在蒲县的核桃丰产栽培试验中证明，去雄可使年均产量增长47.5%。该省在全省1个地、市，27个县推广去雄技术，3年共去雄191.62万株，增产核桃约327.67万千克，增加纯收入355.37万元。另据河北农业大学报道，疏雄可提高坐果率15%～22%，产量增加12.8%～37.5%。

②疏除幼果：由于早实核桃以侧花芽结实为主，雌花量较大，至盛果期后，为保证树体营养生长和生殖生长的相对平衡，保持高产稳产水平，疏除过多的幼果也是非常必要的。疏果的时间可在生理落果期以后，一般在雌花受精后的20～30天，即当子房发育至1～1.5厘米时进行为宜。幼果疏除量应依树势状况及栽培条件而定，一般以每平方米树冠投影面积保留60～100个果实为宜。疏除方法是先疏除弱树或细弱枝结的幼果，如必要的话，最好连同弱枝一同剪掉。每个花序有10个以上幼果时，视结果枝的强弱保留2～3个。注意坐果部位在冠内要分布均匀，郁密内膛可多疏。应特别注意，疏果仅限于坐果率高的早实核桃品种，尤其是挂果多的弱树。

第三节　灌水、排涝

核桃需水较多，水分不足不仅会严重影响树体的生长发育，还会影响花芽分化与坚果产量。

我国年降水量600～800毫米且分布均匀的地区，基本可以满足核桃的生长发育。我国南方绝大多数核桃产区的年降水量在1 000毫米以上，除干旱年份一般不需要浇水。北方地区年降水量多在500毫米左右，且分布不均匀，多表现为春季干旱少雨，应适时灌水。研究表明，当田间土壤最大持水量低于60%（土壤绝对含水量低于8%）时，需要及时灌水。

一、灌水时期

灌水时期应根据核桃对水分的需要及当地的水源条件、气候条件加以确定。

（1）萌芽前后。北方地区 3 月下旬到 4 月上旬，核桃要完成萌芽、抽枝、展叶和开花等，需要充足的水分供应，此时正值北方春旱季节，如土壤墒情较差，应及时进行灌水。

（2）花芽分化前。北方地区 5—6 月，是雨季到来前的缺水干旱季节。此时正值果实膨大和速长期，其生长量达全年的 80% 以上，而且雌花芽已开始生理分化，树体的生理代谢最旺盛，水分不足，不仅会导致大量落果，还会影响花芽分化。此期少雨干旱，应及时灌水。

（3）果实采收后。10 月下旬至落叶前，可结合秋施基肥灌足灌透，既有利于基肥腐烂分解，又有利于受伤根系的恢复和树体储藏营养，为来年萌芽、开花和结果奠定营养基础。水源充足的地区还可在土壤结冻前再灌 1 次冻水，对树体越冬抗寒非常有利。

二、灌水量

最适宜的灌水量，应在一次灌溉中，使果树根系分布范围内的土壤湿度达到最有利于核桃生长发育的程度。一般一次灌透需要浸润土层 1 米以上。可根据土壤持水量、灌溉前土壤湿度、土壤容重、要求土壤浸润的深度，计算出一定面积的灌水量。即灌水量 = 灌溉面积 × 土壤浸润程度 × 土壤容重 ×（田间持水量 – 灌溉前土壤湿度）

三、灌水方法

我国核桃的灌溉方法主要有沟灌、畦灌和盘灌 3 种。其中沟灌用水经济，可防止土壤结构的破坏，有利于土壤微生物的活动，便于机械化耕作；畦灌方法简便，缺点是易使土壤板结；盘灌用水较经济，但浸润土壤的范围较小，且仍有使土壤板结和破坏土壤结构的缺点。对于水源缺乏的地区可采用穴灌。有条件的果园可采用喷灌、滴灌或渗灌。

四、排涝

我国绝大多数核桃产区在山区和丘陵地区，自然排水良好。对于平地和自然排水不良的低洼地区，应注意在雨季及时排水。

第七章　核桃树整形修剪技术

核桃树整形修剪是根据核桃的生长结果特性及栽培环境具体情况，通过修剪的措施，调节营养生长与生殖生长的关系，同时培养良好的树体结构，改善群体与个体的光照关系，创造早果、高产、稳产、优质的条件，从而建立合理的丰产群体。

第一节　整形修剪的作用与原则

一、整形修剪的作用

在核桃生长的不同阶段，整形修剪所要解决的问题和采取的方法有所不同。幼龄期和结果初期，核桃整形修剪的目的是为了培养牢固的树冠骨架和丰产树形，有效地控制主枝和侧枝在空间的合理配置，调节生长和结果的关系，为促进幼树早结果早丰产奠定基础。在盛果期则是要通过适当的修剪，维持树势健壮生长与结果的相对平衡，在保证稳产高产的基础上，最大限度地延长结果年限。

二、整形修剪的原则

核桃树整形修剪要根据树体特点和规律以及栽培管理的具体情况，通过修剪的方法，培养和调整骨干枝，以便形成良好的树体结构，担负较高的产量，树冠内各类枝条都有充分生长的空间。合理地解决株间和树内光照，创造早果、高产、稳产、优质的地上条件。

三、整形修剪的依据

（一）品种（类型）的生长结果习性

整形修剪只有与品种（类型）的生长结果习性相适应，才能达到立体结果，高产优质的目的。其中品种的萌芽力和成枝力情况是修剪的重要依据之一。早实核桃成枝力较强，容易造成枝叶过密，修剪时注意多疏少截，减少枝量；晚实核桃的成枝力较弱，需促进抽枝，增加枝量，以提高产量。

（二）自然条件和栽培管理水平

同一品种在不同的自然条件下，生长结果及生理活动均有所不同。在土层较薄，肥力较低的地方，树体较矮小，生长量也较小，稍重的修剪不致引起树势过旺。

栽植密度和方式不同对整形修剪的要求也不同。在密植的情况下，宜采用小冠矮树形的修剪方法，减少分枝级次，少留骨干枝，以利早果和丰产。

（三）树体判断

果树由于本身和环境条件的共同作用，单株之间在生长和结果方面存在差异，这种差异也是整形修剪的依据之一。修剪时应从树势的强弱，树体结构和骨干枝的配置，结果枝组的培养利用和分布，花芽的多少与质量，结果枝和营养枝的比例等方面观察和分析，以制订合理的修剪方案和正确地修剪。

第二节　整形修剪的时期、方法和技术

一、整形修剪的时期

核桃在休眠期修剪有伤流，这有别于其他果树，为了避免伤流损失树体营养，长期以来，核桃树的修剪多在春季萌芽后（春剪）和采收后至落叶前（秋剪）进行。近年来，辽宁省经

济林研究所、河北省涉县林业局、陕西省果树研究所等进行了多年的冬剪试验，结果表明，核桃冬剪不仅对生长和结果没有不良影响，而且在新梢生长量、坐果率、树体主要营养水平等方面都优于春、秋修剪。试验认为，休眠期修剪主要是水分和少量矿质营养的损失，而秋剪有光合作用和叶片营养尚未回流的损失，春剪有呼吸消耗和新器官形成的损失，相比之下，春剪营养损失最多，秋剪次之，休眠期修剪损失最少。目前，在秦岭以南地区及河北省涉县等地已基本普及休眠期修剪，均未发现有不良影响，其他各地也可大胆采用。从方便操作和不伤害间种作物等方面考虑，也以休眠期修剪为好。但从伤流发生的情况看，只要在休眠期造成伤口，就一直有伤流，直至萌芽展叶。因此，在提倡核桃休眠期修剪的同时，应尽可能延期进行，根据实际工作量，以萌芽前结束修剪工作为宜。

二、整形修剪的方法

（一）短截

是指剪去1年生枝条的一部分。生长季节将新梢顶端幼嫩部分摘除，称为摘心，也称之为生长季短截。在核桃幼树（尤其是晚实核桃）上，常用短截发育枝的方法增加枝量。短截的对象是从一级和二级侧枝上抽生的生长旺盛的发育枝，剪截长度为1/4～1/2，短截后一般可萌发3个左右较长的枝条。在1～2年生枝交界轮痕上留5～10厘米剪截，类似苹果树修剪的“戴高帽”，可促使枝条基部潜伏芽萌发，一般在轮痕以上萌发3～5个新梢，轮痕以下可萌发1～2个新梢（图7－1）。对核桃树上中等长枝或弱枝不宜短截，否则刺激下部发出细弱短枝，髓心较大，组织不充实，冬季易发生日烧而干枯，影响树势。

（二）疏枝

将枝条从基部疏除叫疏枝。疏除对象一般为雄花枝、病虫枝、干枯枝、无用的徒长枝、过密的交叉枝和重叠枝等。雄花枝过多，开花时要消耗大量营养，从而导致树体衰弱，修剪时应适当疏除，以节约营养，增强树势。核桃枝条髓心较大，组织疏松，容易枯枝焦梢。枯死枝除本身无生产价值外，还可成为病虫滋生的场所，应及时剪除。当树冠内部枝条密度过大时，要本着去弱留强的原则，随时疏除过密的枝条，以利通风透光。疏枝时，应紧贴枝条基部剪除，切不可留桩，以利于剪口愈合。

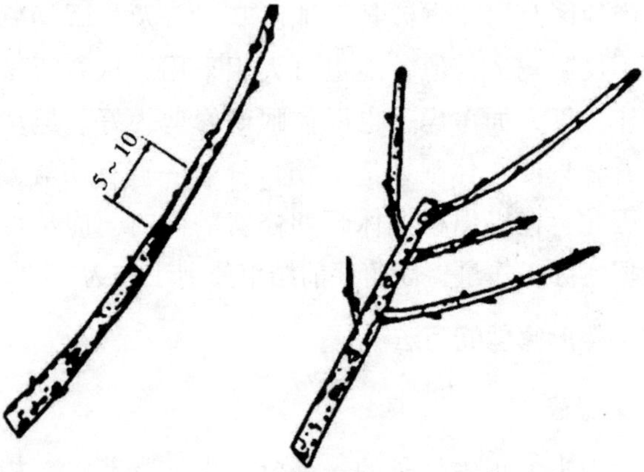

图7－1　年交界轮痕以上短截的反应（单位：厘米）

（三）缓放

即不剪，又叫长放。其作用是缓和枝条生长势，增加中短枝数量，有利于营养物质的积累，促进幼旺树结果。除背上直立旺枝不宜缓放外（可拉平后缓放），其余枝条缓放效果均较好。较粗壮且水平伸展的枝条长放，前后均易萌发长势近似的小枝（图7－2）。弱枝不短截，翌年生长一段，很易形成花芽。

（四）回缩

对多年生枝剪截叫回缩或缩剪，这是核桃修剪中最常用的一种方法。回缩的作用因回缩的部位不同而异。一是复壮作用；

图7－2　水平状枝缓放效果

二是抑制作用。生产中复壮作用的运用有两个方面，一是局部复壮，例如回缩更新结果枝组及多年生冗长下垂的缓放枝等；二是全树复壮，主要是衰老树回缩更新。生产中运用抑制作用主要控制旺壮辅养枝、抑制树势不平衡中的强壮骨干枝等。

回缩时要在剪锯口下留一“辫子枝”。回缩的反应因剪锯口枝势、剪锯口大小等不同而异。对于细长下垂枝回缩至背上枝处可复壮该枝；对于大枝回缩，若剪锯口距枝条太近，对剪口下第一枝起削弱作用，而加强以下枝的长势。核桃树的愈合能力很强，即便是多年生直径达30厘米的大枝，剪后仍可愈合良好。

三、整形修剪技术

（一）背后枝的处理

按乔化树顶端优势的原理，同一母枝上顶部枝的生长量较大。而核桃树倾斜着生的骨干枝背后的枝，其生长势多强于原骨干枝头，产生背后枝比母枝既粗又长的“倒拉”现象，甚至造成原枝头枯死。对于这类枝，一般是在抽生的初期剪除。如果原母枝已经变弱，则可用背后枝代替原枝，将原枝头剪除或培养成结果枝组，但必须注意抬高其枝头角度，以防下垂。晚实核桃树上的背后枝，其生长势比早实核桃更强。

（二）徒长枝的利用

徒长枝多是由潜伏芽抽生而成，有时因局部刺激，也能使中长枝抽生出徒长枝。徒长枝生长速度快，生长量大，消耗营养多，如放任生长不加修剪，会扰乱树形，影响通风透光。如果树冠内枝量足够，应及早把徒长枝剪除。如果徒长枝处有空间，或其附近结果枝组已衰弱，则可利用徒长枝培养成结果枝组，以填补空间或更替衰弱的结果枝组。培养的方法：一是在夏季徒长枝长至0.5~0.7米时摘心，促发二次枝，形成结果枝组；二是在冬季修剪时，把单条徒长枝留60厘米左右短截，使下年分枝形成结果枝组。

衰老树枝干枯顶焦梢，或因机械伤害等使骨干枝折断，可利用徒长枝培养骨干枝新的延长枝，以保持树冠圆满。

(三) 二次枝的控制

二次枝多发生在早实核桃上，且以幼龄树抽生较多。由于抽枝晚、生长旺、组织不充实，在北方冬季易发生抽条。如果任其生长，虽能增加分枝，提高产量，但却容易造成结果部位外移，使结果母枝后部光秃，干扰良好的冠形（图7－3）。其控制方法主要如下。

（1）疏除。为了避免由于二次枝的旺盛生长而过早郁闭，可根据空间的利用程度进行疏除。剪除对象主要是生长过旺造成树冠出“辫子”的二次枝。一般只要在二次枝未木质化之前疏除2次，就基本可以控制。

（2）去弱留强。在一个结果枝上抽生3个以上的二次枝，可在早期选留1~2个健壮的，其余全部疏除。

（3）摘心。对选留的二次枝，如果生长过旺，为了促进其木质化，控制其向外延伸，可于夏季摘心。

（4）短截。如果一个结果枝只抽生1个二次枝，且长势较强，可于春夏季对其进行短截，以控制旺长，促发分枝，并培养成结果枝组。夏季短截分枝效果较好，但春季短截发枝粗壮，其短截程度以中、轻度为宜。

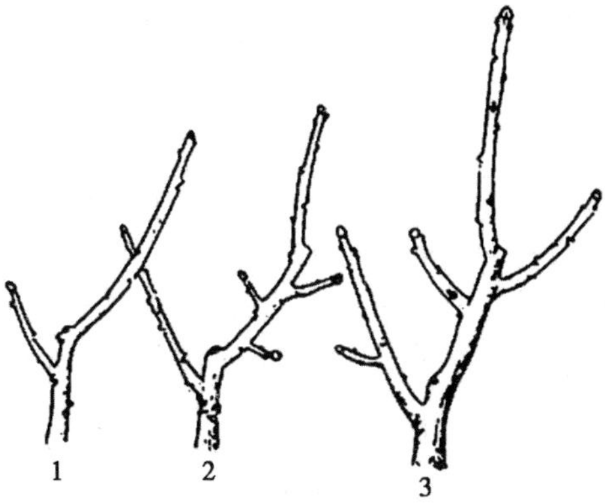

图7－3　二次枝修剪

1. 二次枝；2. 夏季摘心后冬季形态；3. 冬季修剪后分枝

（四）结果枝组的培养与修剪

1. 结果枝组的配置

枝组的配置多依骨干枝的不同位置和树冠内空间的大小来决定。一般情况下，主侧枝的先端即树冠外围，以配置小型结果枝组为主；树冠中部以配置中型结果枝组为主，并根据空间大小配置少量大型结果枝组；骨干枝的下部，即内膛应以中、大型枝组为主。在大、中型枝组之间，要以小型枝组填补空隙；骨干枝距离远，即在树冠内出现较大空间时，可用大型结果枝组填补空间。枝组间距以三级分枝互不干扰为原则，一般大型枝组同侧相距60～100厘米为宜。幼树和生长势较强的树，应不留或少留背上直立枝组，衰老树可适当多留背上直立枝组。

2. 结果枝组的培养

（1）先放后缩法。对树冠发生的壮发育枝或中等徒长枝，可先缓放促发分枝，翌年在所需高度，于角度开张、方向适宜的分枝处回缩，下一年再去旺留壮，2～3年后可培养成良好的结果枝组。

早实核桃的连续结果能力很强，中短果枝连续结果后形成的果枝群，可通过缩剪改造成小型结果枝组。

（2）先缩后截法。对生长密集、空间有限的辅养枝，可先缩回来，后部枝适当短截，构成紧凑枝组。多年生有分枝的徒长枝和发育枝，也可先缩先端旺枝，再适当短截后部枝，构成紧凑枝组。

（3）先截后缩法。对徒长枝或发育枝摘心或短截，促发分枝后再回缩，即可培养成结果枝组。

3. 结果枝组的修剪

（1）枝组大小的控制。结果枝要扩大，可短截 1～2 个发育枝，促其分枝扩大枝组。枝组的延长枝最好是折线式延伸，以抑上促下，使下部枝生长健壮。延长枝剪口芽要向着空间大的方向发展。较大的枝组已无发展空间时，可对其进行控制。方法是回缩至后部中庸分枝上，并疏除背上直立枝，以减少枝组内的总枝量。对已形成的细长型结果枝组，要适当回缩，以形成比例合适的紧凑型枝组。

（2）生长势的平衡。结果枝组的生长势以中庸为宜。枝组生长势过旺时，可利用摘心控制旺枝，冬季疏除旺枝，并回缩至弱枝弱芽处，或去直留平改变枝组角度等，控制其生长势。若枝组衰弱，中壮枝少，弱短枝多，可去弱留强，并回缩至壮枝、壮芽或角度较小的分枝处，缩小结果枝组的角度并减少花芽量，以促其复壮。

（3）结果枝与营养枝比例的调节。结果枝组应是既能结果又有一定生长量的基本单位。对于大中型结果枝组，需将其结果枝和营养枝调整至恰当的比例，一般为 3∶1 左右。生长健壮的结果枝组（尤其是早实核桃），一般结果枝偏多，修剪时应适当疏除并短截一部分；生长势变弱的结果枝组，常形成大量的弱结果枝和雄花枝，修剪时应适当重截，疏除一部分弱枝和雄花枝，促发新枝。

（4）三杈形结果枝组的修剪。核桃多数品种1年生枝顶部，常常形成3个比较充实的混合芽或叶芽，萌发后常能形成三杈形结果枝组。这类枝组如不修剪，可连续结果2~3年，由于营养消耗过多，生长势逐年衰弱，以至干枯死亡。对于这类枝组应及时疏剪，在枝组尚强时，可疏去中间强旺的结果母枝，留下两侧的结果母枝。随着枝组增大，应注意回缩和去弱留强，以维持良好的长势和结果状态（图7-4）。

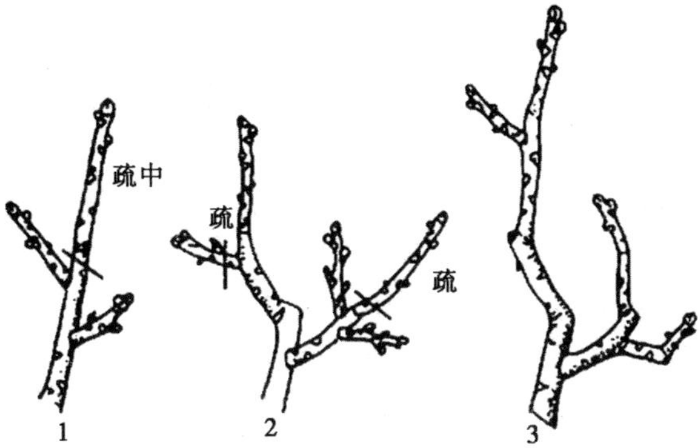

图7-4　三杈形结果母枝修剪

1. 三杈枝；2. 结果后；3. 连续结果状枝

（5）结果枝组的更新。由于枝组年龄过大，着生部位光照不良，过于密挤，结果过多，着生在骨干枝背后，枝组本身下垂，着生母枝衰弱等原因，均可使结果枝组生长势衰弱，不能分生足够的营养枝，结果能力明显降低，这种枝组需及时更新。枝组更新要从全树生长势的复壮和改善枝组的光照条件入手，并根据枝组不同情况，采取相应的修剪措施。枝组内的更新复壮，可采取回缩至强壮分枝或角度较小的分枝处，加上剪果枝、疏花果等技术措施。对于过度衰弱、回缩和短截仍不发枝的结果枝组，可从基部疏除。如果疏除后留有空间，可利用徒长枝培养新的结果枝组。如果疏除前附近有空间，也可先培养成新结果枝组，然后将原衰弱枝组逐年去除以新代老。

第三节　核桃幼树的整形修剪

核桃在幼树阶段生长很快，如任其自由发展，则不易形成良好的丰产树形，尤其是早实核桃，分枝力强，结果早，易抽发二次枝，造成树形紊乱，不利于正常的生长与结果。因此，合理地整形和修剪，对保证幼树健壮生长，促进早果丰产和稳产具有重要的意义。

一、幼树整形

在生产实践中，应根据品种特点、栽培密度及管理水平等确定合适的树形，做到“因树修剪，随枝造型，有形不死，无形不乱”，切不可过分强调树形。

（一）定干

树干的高低与树高、栽培管理方式和间作等关系密切，应根据品种特点、土层厚度、肥力高低、间作模式等，因地因树而定，如晚实核桃结果晚，树体高大，主干可适当高些，干高可留 1.5 ~2 米。山地核桃因土壤瘠薄，肥力差，干高以 1 ~1.2 米为宜。早实核桃结果早，树体较小，主干可矮些，干高可留 0.8 ~1.2 米。立地条件好的定干可高一些。密植时干可低一些，早期密植丰产园干高可留 0.2 ~1 米。果材兼用型品种，为提高干材的利用率，干高可达 3 米以上。

（1）早实核桃定干。在定植当年发芽后，抹除要求干高以下部位的全部侧芽。如幼树生长未达定干高度，可于翌年定干。如果顶芽坏死，可选留靠近顶芽的健壮芽，促其向上生长，直至一定高度后再定干。定干时选留主枝的方法与晚实核桃相同。

（2）晚实核桃定干。春季萌芽后，在定干高度的上方选留1个壮芽或健壮的枝条作为第一主枝，并将以下枝、芽全部剪除。如果幼树生长过旺，分枝时间推迟，为控制干高，可在要求干高的上方适当部位短截，促使剪口芽萌发，然后选留第一主枝。

（二）培养树形

主要有疏散分层形和自然开心形2种。

1. 疏散分层形

该树形有明显的中心领导干，一般有6～7个主枝，分2～3层螺旋形着生在中心领导干上，形成半圆形或圆锥形树冠。其特点是树冠半圆形，通风透光良好，主枝和主干结合牢固，枝条多，结果部位多，负载量大，产量高，寿命长。但盛果期后树冠易郁闭，内膛易光秃，产量便下降。该树形适于生长在条件较好的地方和干性强的稀植树。

（1）整形过程。一是于定干当年或翌年，在定干高度以上选留3个不同方位（水平夹角约120°）、生长健壮的枝条，培养成第一层主枝，枝基角不小于60°，腰角70°～80°，梢角60°～70°，层内两主枝间的距离不小于20厘米，避免轮生，以防主枝长粗，对中央干形成“卡脖”现象，其余枝条全部除掉。有的树生长势差，发枝少，可分2年培养。二是当晚实核桃5～6年生，早实核桃4～5年生已出现壮枝时，开始选留第二层主枝，一般选留1～2个，同时在第一层主枝上的合适位置选留2～3个侧枝。第一个侧枝距主枝基部的距离为：晚实核桃60～80厘米，早实核桃40～50厘米。如果只留2层主枝，第一层和第二层之间的间距要加大，即晚实核桃2米左右；早实核桃1.5米左右。核桃树喜光性强，树冠高大，枝叶茂密，容易造成树冠郁闭，应增加层间距。三是晚实核桃6～7年生，早实核桃5～6年生时，继续培养第一层主、侧枝和选留第二层主枝上的1~2个侧枝。四是晚实和早实核桃7~8年生时，选留第三层主枝1~2个。第三层与第二层主枝间距晚实核桃为2米左右；早实核桃1.5米左右，并从最上的主枝的上方落头开心，各层主枝要上下错开，插空选留，以免相互重叠。各级侧枝应交错排列，可充分利用空间，避免侧枝并生拥挤。侧枝与主枝的水平夹角以45°~50°为宜，侧枝着生位置以背斜侧为好，切忌留背后枝（图7-5）。

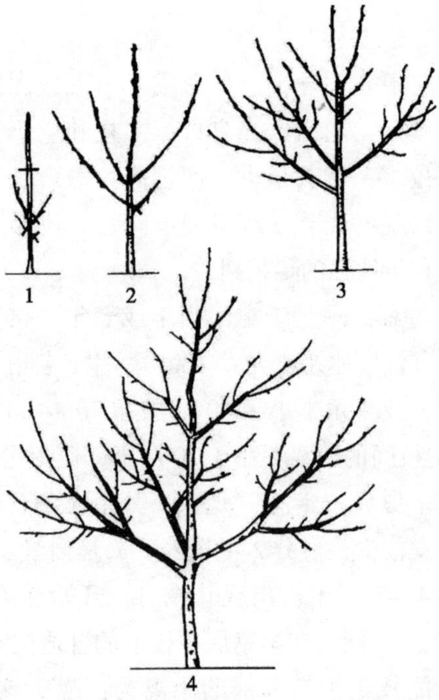

图7-5　疏散分层形整形过程

1. 定干；2. 第一年冬生长状；3. 第二年冬生长状；4. 第三年冬生长状

（2）各骨干枝生长势的调整。主、侧枝是树体的骨架，叫骨干枝，整形过程中要保证骨架坚固，协调主从关系。定植4~5年后树形结构已初步固定，但树冠的骨架还未形成，每年应剪截各级枝的延长枝，促使分枝。8年后主、侧枝已初选出，整形工作大体完成。在此之前，要调节各级骨干枝的生长势，过强的应加大基角，或疏除过旺侧枝特别是控制竞争枝。干较弱时可在中心干上多留辅养枝，生长势弱的骨干枝可缩小角度，通过调整，使树体各级主、侧枝长势均衡。

2. 自然开心形

该树形无中央领导干，一般有2~4个主枝。其特点是成形快，结果早，各级骨干枝安排较灵活，整形容易，便于掌握。幼树树形较直立，进入结果期后逐渐开张，通风透光好，易管理。该树树形适于在土层较薄，土质较差，肥水条件不良地区栽植的核桃和树姿开张的早实品种。根据主枝的多少，开心形可分为两大主枝、三大主枝和多主枝开心形，其中以三大主枝较常见。又依开张角度的大小可分为多干形、挺身形和开心形。

整形过程包括：一是晚实核桃3~4年生，早实核桃3年生时，在定干高度以上按不同方位留出2~4个枝条或已萌发的壮芽作主枝。各主枝基部的垂直距离一般为20~40厘米，主枝可一次或两次选留，各相邻主枝间的水平距离（或夹角）应一致或相近，且生长势要一致。二是主枝选定后，要选留一级侧枝。每个主枝可留3个左右侧枝，上下、左右要错开，分布要均匀。第一侧枝距离主干的距离晚实核桃为0.8~1米，早实核桃0.6米左右。二是一级侧枝选定后，在较大的开心形树体中，可在其上选留二级侧枝。第一主枝一级侧枝上的二级侧枝数1~2个，其上再培养结果枝组，这样可以增加结果部位，使树体丰满。第二主枝的一级侧枝数2~3个。第二主枝上的侧枝与第一主枝上的侧枝间距晚实核桃为1~1.5米，早实核桃0.8米左右。至此，开心形的树冠骨架已基本形成（图7-6）。该树形要特别注意调节各主枝间的平衡。

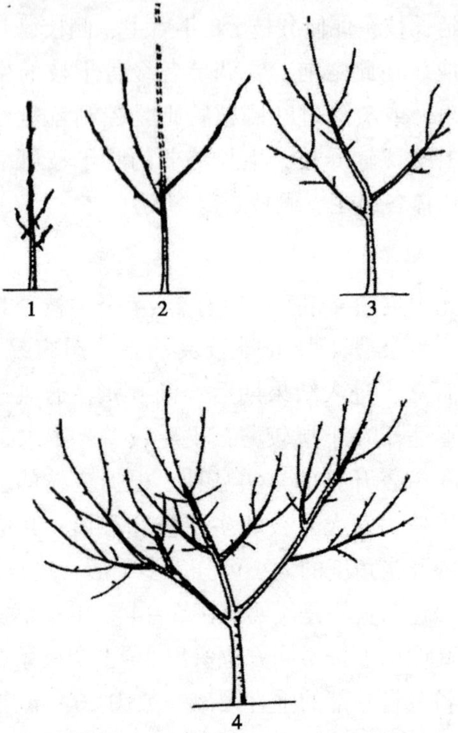

图 7－6　自然开心形整形过程

1. 定干；2. 第一年去中心干；3. 第二年冬生长状；4. 第三年冬生长状

二、幼树修剪

核桃幼树修剪是在整形的基础上，继续选留和培养结果枝和结果枝组，及时剪除一些无用枝，是培养和维持丰产树形的重要技术措施。此期应充分利用顶端优势。用高截、低留的定干整形法，即达到定干高度时剪截，低时留下顶芽，达到定干高度时采用破顶芽或短截手法，促使幼树多发枝，尽快形成骨架，为丰产打下坚实的基础，达到早成形、早结果的目的。许多晚实类的核桃新梢顶芽肥大，优势很强，萌生侧枝及短枝力弱，可在新梢长60~80厘米时摘心，促发2~3个侧枝，这样可加强幼树整形效果，提早成形。核桃幼树的修剪方法，因各品种生长发育特点的不同而异，其具体方法如下。

（一）控制二次枝

早实核桃在幼龄阶段抽生二次枝是普遍现象。由于二次枝抽生晚，生长旺，组织不充实，在北方冬季易发生抽条现象，必须进行控制，其具体方法：一是若二次枝生长过旺，可在枝条未木质化之前，从基部剪除；二是凡在一个结果枝上抽生3个以上的二次枝，可于早期选留1~2个健壮枝，其余全部疏除；三是在夏季，对选留的二次枝，如生长过旺，要摘心，控制其向外伸展；四是如一个结果枝只抽生1个二次枝，生长势较强，于春季或夏季将其短截，以促发分枝，培养结果枝组。短截强度以中轻度为宜。

（二）利用徒长枝

早实核桃由于结果早、果枝率高、花果量大、养分消耗过多，常常造成新枝不能形成混合芽或营养芽，以至翌年无法抽发新枝，而其基部的潜伏芽会萌发成徒长枝。这种徒长枝翌年就能抽生5~10个结果枝，最多可达30个。这些果枝由顶部向基部生长，枝条逐渐变短，最短的几乎看不到枝条，只能看到雌花。第三年中下部的小枝多干枯脱落，出现光秃带，结果部位向枝顶推移，易造成枝条下垂。必须采取夏季摘心法或短截法，促使徒长枝的中下部果枝生长健壮，达到充分利用粗壮徒长枝培养健壮结果枝组的目的。

（三）处理好旺盛营养枝

对生长旺盛的长枝甩放修剪或轻修剪为宜。修剪越轻，总发枝量、果枝量和坐果数就越多，二次枝数量就越少。

（四）疏除过密枝和处理好背下枝

早实核桃枝量大，易造成树冠内膛枝多、密度过大，不利于通风透光。对此，应按照去弱留强的原则，及时疏除过密的枝条。其具体方法是从枝条基部剪除，切不可留桩，以利于伤口愈合。背下枝多着生在母枝先端背下，春季萌发早，生长旺盛，竞争力强，容易使原枝头变弱，而形成“倒拉”现象，甚至造成原枝头枯死。处理方法是在萌芽后或枝条伸长初期剪除。如果原母枝变弱或分枝角度过小，可利用背上枝或斜上枝代替原枝头，将原枝头剪除或培养成结果枝。如果背下枝生长势中等，并已形成混合芽，则可保留其结果。如果背下枝生长健壮，结果后可在适当分枝处回缩，培养成小型结果枝。

第四节　核桃成年树的修剪

成年期的核桃树，树形已基本形成，产量逐渐增加。进入此时期核桃树的主要修剪任务是：继续培养主、侧枝，充分利用辅养枝早期结果，积极培养结果枝组，尽早扩大结果部位。其修剪原则是：先放后缩，放缩结合，防止结果部位外移。结果盛期以后，由于结果量大，容易造成树体营养分配不均，形成大小年，甚至有的树由于结果太多，致使一些枝条枯死或树势衰弱，严重影响了核桃树的经济寿命。成年树修剪要根据具体品种、栽培方式和树体本身的生长发育情况灵活运用，做到因树修剪。

一、结果初期树的修剪

此期树体结构初步形成，应保持树势平衡，疏除改造直立向上的徒长枝，疏除外围的密集枝及节间长的无效枝，保留充足的有效枝量（粗、短、壮），使强枝向缓势方向发展（夏季拿、拉、换头），充分利用一切可利用的结果枝（包括下垂枝），达到早结果、早丰产的目的。

（一）辅养枝修剪

对已影响主、侧枝的辅养枝，可以回缩或逐渐疏除，给主、侧枝让路。

（二）徒长枝修剪

可采用留、疏、改相结合的方法修剪。早实核桃应当在结果母枝或结果枝组明显衰弱或出现枯枝时，通过回缩使其萌发徒长枝。对萌发的徒长枝可根据空间选留，再经轻度短截，从而形成结果枝组。

（三）二次枝修剪

可用摘心和短截的方法，促其形成结果枝组。对过密的二次枝则去弱留强。同时，应注意疏除干枯枝、病虫枝、过密枝、重叠枝和细弱枝。早实核桃重点是防止结果部位迅速外移，对树冠外围生长旺盛的二次枝进行短截或疏除。

二、盛果期树的修剪

盛果期的大核桃树，树冠大部分接近郁闭或已郁闭，外围枝量逐渐增多，且大部分成为结果枝，并由于光照不足，部分小枝干枯，主枝后部出现光秃带。结果部位外移，易出现隔年结果现象。因此，这个时期修剪的主要任务是调整营养生长和生殖生长的关系，不断改善树冠内的通风透光条件，不断更新结果枝，以达到高产稳产的目的。其修剪要点是疏病枝、透阳光、缩外围、促内膛、抬角度、节营养、养枝组和增产量。特别是要做好抬、留的科学运用，绝对不能一次处理下垂枝，要本着三抬一、五抬二的手法（下垂枝连续 3 年生的可疏去 1 年生枝，5 年生枝缩至 2 年生处，留向上枝）。具体修剪方法如下。

(一）骨干枝和外围枝的修剪

晚实核桃，随着结果量的增多，特别是丰产年份，大中型骨干枝常出现下垂现象，外围枝伸展过长，下垂得更严重。因此，对骨干枝和外围枝必须进行修剪。修剪的要点是及时回缩过弱的骨干枝。回缩部位可在有上斜生长的侧枝前部，按去弱留强的原则，疏除过密的外围枝，对可利用的外围枝，可适当短截，以改善树冠的通风透光条件，促进保留枝芽的健壮生长。

(二）结果枝组的培养与更新

加强结果枝组的培养，扩大结果部位，防止结果部位外移，是保证核桃树盛果期丰产稳产的重要技术措施，特别是晚实核桃。

(1）培养结果枝组的原则。大、中、小配置适当，均匀地分布在各级主、侧枝上；在树冠内总体分布是里大外小，下多上少，使内部不空，外部不密，通风透光良好，枝组间距离为0.6～1米。

(2）培养结果枝组的途径。一是对着生在骨干枝上的大中型辅养枝，经回缩改造成大、中型结果枝组；二是对树冠内的健壮发育枝，采用去直立留平斜，先放后缩的方法，培养成中、小型结果枝组；三是对部分留用的徒长枝，应首选开张角度，控制旺长，配合夏季摘心和秋季于“盲节”处短截，促生分枝，形成结果枝组。结果枝组经多年结果后，会逐渐衰弱，应及时更新复壮。

(3）培养结果枝的具体方法。一是2～3年生的小型结果枝组，视树冠内的可利用空间，按去弱留强的原则，疏除一些弱小或结果不良的枝条。盛果后期核桃树生长势开始衰退，每年抽生的新梢很短，常形成三杈状小结果枝组，应及时回缩，疏除部分短枝，以保生长与结果平衡。二是长势弱的中型结果枝组，可及时回缩复壮，使其内部交替结果，同时控制结果枝组内的旺枝。三是大型结果枝组，应控制其高度和长度，以防“树上长树”。对无延长能力或下部枝条过弱的大型果枝组，则应回缩修剪，以保持其下部中小型枝组的正常生长结果。

（三）辅养枝的利用与修剪

辅养枝是指着生于骨干枝上的临时性枝条。其修剪要点是：一是辅养枝与骨干枝不发生矛盾时，可保留不动。如果影响主、侧枝的生长，就应及时去除或回缩。二是辅养枝生长过旺时，应去强留弱或回缩到弱分枝处。三是对生长势中等，分枝良好，又有可利用空间者，可剪去枝头，将其改造成大中型结果枝组。

（四）徒长枝的利用和修剪

核桃成年树，随着树龄和结果量的增加，外围枝生长势变弱或受病虫为害时容易形成徒长枝，早实核桃更易发生。其具体修剪方法如下：一是如内膛枝条较多，结果枝组又生长正常，可从基部疏除徒长枝；二是如内膛有空间，或其附近结果枝组已衰弱，可利用徒长枝培养成结果枝组，促使结果枝组及时更新；三是在盛果末期，树势开始衰弱产量下降，枯死枝增多，更应注意对徒长枝的选留与培养。

（五）背下枝的处理

晚实核桃树背下枝强旺和夺头现象比较普遍。背下枝多由枝头的第二个至第四个背下芽发育而成，生长势很强，若不及时处理，极易造成枝头“倒拉”现象，必须进行修剪。其具体修剪方法：一是如生长势中等，并已形成混合芽，可保留结果；二是如生长健壮，待结果后，可在适当分枝处回缩，培养成小型结果枝组；三是如已产生“倒拉”现象，原枝头开张角度又较小，可将原头枝剪除，让背下枝取而代之。对无用的背下枝则要及时剪除。

第五节　核桃衰老树的修剪

核桃树进入衰老期，外围枝生长势减弱，小枝干枯严重。外围枝条下垂，产生大量“焦梢”，同时萌发出大量的徒长枝，出现自然更新现象，产量也显著下降。为了延长结果年限，可对衰老树进行更新复壮。修剪要点是：首先，疏除病虫枯枝，密集无效枝，回缩外围枯梢枝（但必须回缩至有生长能力的部位），促其萌发新枝。其次，要充分利用好一切可利用的徒长枝，尽快恢复树势，继续结果。对严重衰老树，要采取大更新，即在主干及主枝上截去衰老部分的1/3~2/5，保证一次性重发新枝，3年后可重新形成树冠。具体修剪方法有以下3种。

一、干更新（大更新）

将主枝全部锯掉，使其重新发枝，并形成主枝，具体做法有2种。

第一，对主干过高的植株，可从主干的适当部位，将树冠全部锯掉，使锯口下的潜伏芽萌发新枝，然后从新枝中选留方向合适、生长健壮的枝条2~4个培养成主枝。

第二，对主干高度适宜的开心形植株，可在每个主枝的基部锯掉。如系主干形植株，可先从第一层主枝的上部锯掉树冠，再从各主枝的基部锯掉，使主枝基部的潜伏芽萌芽发枝。

二、主枝更新（中更新）

在主枝的适当部位进行回缩，使其形成新的侧枝，具体修剪方法是选择健壮的主枝，保留50~100厘米长，其余部分锯掉，使其在主枝锯口附近发枝，发枝后每个主枝上选留方位适宜的2~3个健壮的枝条，培养成一级侧枝。

三、侧枝更新（小更新）

将一级侧枝在适当的部位进行回缩，使其形成新的二级侧枝。其优点是新树冠形成和产量增加均较快。具体做法是：一是在计划保留的每个主枝上，选择2~3个位置适宜的侧枝；二是在每个侧枝中下部长有强旺分枝的前端（或下部）进行剪截；三是疏除所有的病枝、枯枝、单轴延长枝和下垂枝；四是对明显衰弱的侧枝或大型结果枝组应进行重回缩，促其发新枝；五是对枯梢枝要重剪，促其从下部或基部发枝，以代替原枝头；六是对更新的核桃树，必须加强土肥水和病虫害防治等综合技术管理，以防当年发不出新枝，造成更新失败。

第六节　核桃放任树的修剪

目前，我国放任生长的核桃树仍占相当大的比例。一部分幼旺树可通过高接换优的方法加以改造。对大部分进入盛果期的核桃大树，在加强地下管理的同时可进行修剪改造，以迅速提高核桃的品质、产量。

一、放任生长树的树体表现

（一）大枝过多，层次不清

主枝多轮生、重叠或并生。第一层主干常有4~7个分枝，中心领导干极度衰弱，枝条紊乱。

（二）结果部位外移，内膛空虚

主枝延伸过长，先端密集，基部秃裸，造成树冠郁闭，通风透光不良，内膛空虚、枝条细弱并逐渐干枯，结果部位外移。

（三）生长衰弱，坐果率低

结果枝细弱，连续结果能力低，落花、落果严重，坐果率一般为30%~90%，产量低且隔年结果现象严重。

（四）衰老树自然更新现象严重

衰老树外围焦梢，从大枝中下部萌生新枝，形成自然更新，需重新构成树冠，连续几年产量很少。

二、放任树改造修剪的方法

（一）树形改造

放任树的修剪应根据具体情况随树作形。如果中心领导枝明显，可改造成疏散分层形；中心领导枝已很衰弱或无中心领导枝的，可改造成自然开心形。

（二）大枝处理

修剪前要对树体进行全面分析。重点疏除影响光照的密集枝、重叠枝、交叉枝、并生枝和病虫害为害枝，留下的大枝要分布均匀，互不影响，以利侧枝的配备。一般疏散分层形留 5～7 个主枝，特别是第一层要留好 3～4 个。自然开心形可留 3～4 个主枝。为避免因一次疏除大枝过多而影响树势，可以对一部分交叉重叠的大枝先进行回缩，分年疏除，对于较旺的壮龄树也应分年疏除大枝，以免引起生长势更旺。

（三）中型枝的处理

中型枝是指着生在中心领导枝和主枝上的多年生枝。大枝疏除后从整体上改善了通风透光条件，但在局部会有许多着生不适当的枝条。为了使树冠结构紧凑合理，处理时首先要选留一定数量的侧枝，其余枝条采取疏间和回缩相结合的方法，疏除过密枝、重叠枝，回缩过长的下垂枝，使其抬高。大枝疏除较多时，可多留些中型枝。大枝疏除少时，可多疏除些中型枝。

（四）外围枝的调整

对冗长的细弱枝、下垂枝，必须适度回缩抬高，增强长势。对外围枝丛生密集的要适当疏除。衰老树的外围枝大部分是中短果枝和雄花枝，应适当疏间和回缩，用粗壮的枝带头。

（五）结果枝组的调整

经过大中型枝的疏除和外围枝的调整，通风透光条件得到了改善，结果枝组有了复壮的机会，可根据树体结构、空间大小、枝组类型（大型、中型、小型枝）和枝组的生长势来确定结果枝组的调整，对枝组过多的树，要选留生长健壮的枝组，疏除衰弱的枝组，有空间的可适当回缩，去掉细弱枝、雄花枝和干枯枝，培养强壮结果枝组结果。

（六）内膛枝组的培养

经过改造修剪的核桃树，内膛常萌发许多徒长枝，要有选择地加以培养和利用，使其成为健壮的结果枝组。常用的 2 种培养方法：一是先放后缩，即对选留的中庸徒长枝（长度在 80～100 厘米）第一年长放，任其自然分枝，第二年根据需要的高度，回缩至角度大的分枝上，翌年修剪时再去强留弱；二是先截后放，即第一年徒长枝长到 60～80 厘米时，采取夏季带叶短截的方法，截去 1/4～1/3，或在 5～7 个芽处短截，促进分枝，有的当年便可萌发出二次枝，第二年除去直立旺长枝，用较弱枝当头缓放，促其成花结果。对于生长势很旺、长度在 1.2～1.5 米的徒长枝，因其极性强，难以控制，一般不宜选用。

内膛结果枝组的配备数量，应根据具体情况而定，一般枝组间距为 60～100 厘米，做到大、中、小枝相互间，交错排列。树龄较小、生长势较强的树，应少留或不留背上直立枝组。衰弱的老树，可适当多留一些背上枝组。

三、放任树改造修剪的步骤

核桃放任树的改造修剪一般需 3 年完成，以后可按常规修剪方法进行。

（一）调整树形

根据树体的生长情况、树龄和大枝分布，确定适宜改造的树形。然后疏除过多的大枝，利于集中养分，改善通风透光。对内膛萌发的大量徒长枝，应加以充分利用。经2~3年培养结果枝组，对于树势较旺的壮龄树应分年疏除大枝，否则长势过旺，也会影响产量。在去大枝的同时，对外围枝要适当疏间，以疏外养内，疏前促后，树形改造需1~2年完成，修剪量占整个改造修剪量的40%~50%。

（二）稳势修剪阶段

树体结构调整后，还应调整母枝与营养枝的比例，约为3∶1，对过多的结果母枝可根据空间和生长势去弱留强，充分利用空间。在枝组内调整母枝留量的同时，还应有1/3左右交替结果的枝组量，以稳定整个树体生长与结果的平衡。此期年修剪量应掌握在20%~30%。

上述修剪量应根据立地条件、树龄、树势、枝量多少灵活掌握，各大、中、小枝的处理要全盘考虑，做到因树修剪，随枝作形。另外，应与加强土肥水管理相结合，否则，难以收到良好的效果（图7-7）。

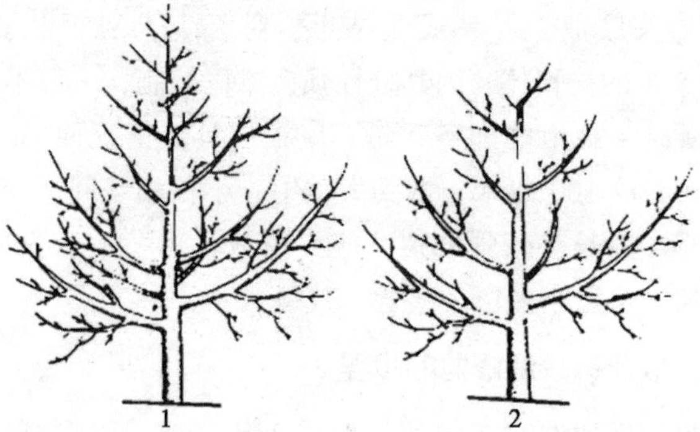

图7-7　放任树修剪

1. 修剪前；2. 修剪后

第八章　核桃病虫害防治技术

第一节　核桃病害

一、核桃黑斑病

核桃黑斑病又名黑腐病，核桃发病后造成幼果腐烂和早期落果，不脱落的被害果，其核仁出油率低，对产量影响很大。

（一）症状

主要为害幼果和叶片、嫩枝及花器（图 8－1，图 8－2）。在叶脉处出现圆形、多角形的小褐斑，一般大小 3～5 毫米，潮湿时病斑外围有一水渍状晕圈，后互相愈合，叶片发黑、变脆，形成穿孔，致叶片残缺不全，枯萎早落。

图 8－1　核桃黑斑病叶

枝梢上病斑长形，褐色，稍凹陷，病斑扩展包围枝条使上段枯死。

幼果受害，果面产生黑色小斑点，逐渐扩大成片变黑，深

图 8－2　核桃黑斑病果

入果肉，使整个果实连同核仁全部变黑、腐烂、脱落。果实长到中等大小时受害，往往只是外表青皮脱落，内部核仁完好。

花序受侵后，产生黑褐色水渍状病斑。

（二）发生规律

病原细菌在病枝或病芽里越冬。翌年春季细菌借风雨飞溅传播到叶、果及嫩枝上为害。病菌可侵染花序（器），花粉也能传带病菌。昆虫也是传带病菌的媒介。病菌由气孔、皮孔、蜜腺及各种伤口侵入。潜育期果实上 5～34 天，叶片上为 8～18 天。在足够的湿度条件下，温度在 4～30℃范围内都可侵染叶片，在 5～27℃时可侵染果实。

发病的重和轻与每年雨水多少有关，一般在核桃展叶期至开花期最易感染，随后抗病逐渐加强。

（三）防治措施

（1）核桃采收后，处理脱下的果皮。结合修剪，剪除病枝梢及病果，收拾地面落果，集中烧毁。

（2）增强树势，提高树体抗病性。采收时少采用棍棒敲击，减少树体伤口；核桃举肢蛾发生严重的地区，及时防治虫害。

（3）药剂防治。黑斑病发生严重的核桃园，在发芽前喷 1 次 2 波美度石硫合剂。生长期喷分别在展叶（雌花开花前）、花后以及幼果早期各喷1次1：（0.5~1）：200波尔多液。另外喷0.4%草酸铜，效果也好，且不易产生药害。或1 500倍液50%甲基托布津。

二、核桃枝枯病

（一）为害

主要为害枝干，多发生在1~2年生枝条上，造成枝干枯干。

（二）病状

1~2年生枝条受害，从顶端向主干逐渐干枯。被害枝条皮层初呈暗灰褐色，后变为浅红褐色或深灰色，大枝病部下陷，病死的枝干、木栓层下散生很多黑色小粒点，即病原的分生孢子盘，直径0.2~0.3毫米。湿度大时，从分生孢子盘上涌出大量黑色短柱状分生孢子。受害枝上叶片变黄脱落，枝皮失绿变成灰褐色，干燥、开裂，病斑围绕枝条一周，枝干枯死，甚至全树死亡（图8-3）。

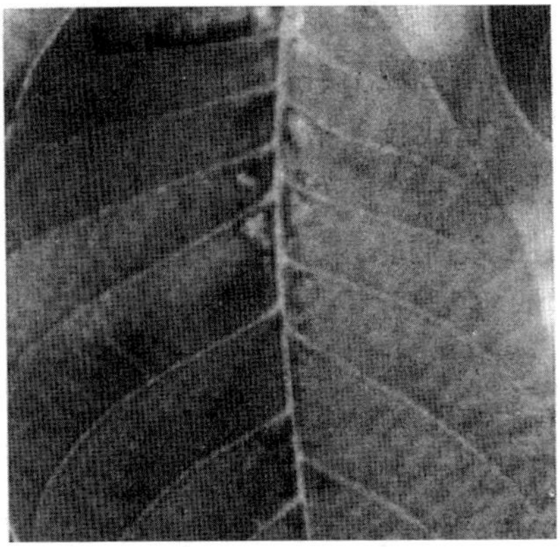

图8-3　核桃枝枯病叶

（三）病原

无性阶段为半知菌类、黑盘孢目的一种真菌，主要是无性阶段侵染为害；有性阶段属于子囊菌亚门，自然情况下很少发生。

（四）发病规律

该病原菌以分生孢子盘或菌丝体在枝条、树干病部越冬。翌年条件适宜时，产生的分生孢子借风雨或幼虫传播，从伤口侵入。该菌属弱寄生菌，生长衰弱的核桃树或枝条易染病，春旱或遇冻害年份发病重。

（五）防治方法

（1）加强栽培管理，增施有机肥，增强树势，提高抗病能力。

（2）彻底剪除销毁病枝，消灭菌源，防止蔓延。

（3）选土壤肥沃、土层厚的地块建园；同时，注意防寒，预防树体受冻。

（4）主干发病，应及时刮除病部，用1%硫酸铜或21%果富康3～5倍液消毒。

（5）发病严重的核桃园可喷50%多菌灵1 000倍液或21%果富康400～500倍液。

三、核桃腐烂病

（一）分布及为害

又名核桃黑水病，主要为害新疆核桃，分布于西北、华北各地及山东、安徽等省，从幼树到大树均有受害。核桃进入结果期后，如栽培管理不当、缺肥少水、负载太大、树势衰弱，腐烂病发生严重，造成枝条枯死、结果能力下降，严重时引起整株死亡。特别是新疆核桃产区发生较重，个别严重园病株率可达80%左右。

（二）病状

主要为害枝干树皮。

大树主干感病后，病斑初期隐藏在皮层内，俗称“湿囊皮”。有时多个病斑连片成大的斑块，周围聚集大量白色菌丝体，从皮层内溢出黑色粉液。树皮纵裂，沿树皮裂缝流出黑水（故称黑水病），干后发亮，好似刷了一层黑漆。

幼树主干和侧枝受害后，病斑初期近于梭形，呈暗灰色，水浸状，微肿起，用手指按压病部，流出带泡沫的液体，有酒糟气味。病斑上散生许多黑色小点，即病菌的分生孢子器。空气湿度大时，从小黑点内涌出橘红色胶质丝状物，为病菌的分生孢子角。病斑沿树干纵横方向发展，后期病斑皮层纵向开裂，流出大量黑水，幼树侧枝或全株枯死。

（三）病原

核桃腐烂病是一种真菌病害，为半知菌类。分生孢子埋于木栓层下，分生孢子器多腔、形状不规则、黑褐色、有长颈。分生孢子单孢、无色、香蕉形。

（四）发病规律

以菌丝及分生孢子器在病枝上越冬，翌年条件适宜时产生分生孢子，分生孢子借雨水、风力、昆虫等传播。从各类伤口侵入，树液流动时开始活动，逐渐扩展蔓延为害。成熟的分生孢子器，每当空气湿度大时，陆续泌出分生孢子角，产生大量的分生孢子，进行多次侵染为害，直至越冬前停止侵染。春秋两季为一年的发病高峰期，特别是在4月中旬至5月下旬为害最重。一般管理粗放、土层瘠薄、排水不良、肥水不足、树势衰弱或遭受冻害及盐害时核桃树易感染此病。

（五）防治方法

（1）加强核桃园的综合管理。多施有机肥，提高树体营养水平，增强树势和抗寒抗病能力，入冬前树干涂白，注意防冻、防旱和防虫，是防治此病的基本措施。

（2）及时刮治病斑。以春季为重点，其次是秋季，但常年检查及刮治不能放松，刮下的病屑应及时收集烧毁，避免人为传染。刮病斑时，应将韧皮部和木质部变色部分刮净，并刮掉病斑边缘以外0.5厘米的健皮，刮后涂抹1～2次杀菌剂保护伤口和防止病疤复发。或用药治疗，药剂可选用9281（果富康）2～3倍液，涂抹至不起泡沫为止；苹腐速克灵2～3倍液；菌立灭1～5倍液。使用这些药剂可不用刮皮，在病斑上间隔1厘米纵划数刀深达木质部，然后涂药，半个月后再涂1次，连用2～3次即可。

（3）采收核桃后，结合修剪，剪除病虫枝、枯枝，刮除病皮，收集烧毁，以减少病原菌源。

（4）落叶后和萌芽前喷药防治。可喷施100倍液果富康，喷洒时注意将直径3厘米以上枝干全部均匀喷洒。在生长季喷施1～2次21%果富康400～500倍液。生长季发现病斑及时刮除，并涂抹果富康。

（5）防治其他病虫害。如叶螨、透翅蛾、吉丁虫、蚜虫等，以增强树势、减少腐烂病发生。

四、核桃炭疽病

（一）为害

主要为害果实，果实受害后早期脱落或核仁干瘪，发病重的年份对核桃产量影响很大。

（二）病状

该病主要为害果实、幼树、嫩梢和芽（图8－4）。果实受害后，果皮上出现黑褐色、近圆形病斑，后变黑色凹陷，逐渐扩大为近圆形或不规则形，在中央产生许多褐色至黑色小点，多呈同心轮纹状排列，为病菌的分生孢子盘，天气潮湿时涌出粉红色的分生孢子团。一个病果常有多个病斑，病斑扩大连片

图 8－4　核桃炭疽病

后导致全果变黑，腐烂达内果皮，核仁无食用价值。发病轻时，核壳或核仁的外皮部分变黑，降低出油率和核仁产量，果实成熟时病斑局限在外果皮，对核桃影响不大。

叶片感病后，病斑黄色不规则，在叶脉两侧呈长条状枯斑，在叶缘发病呈枯黄色病斑。严重时全叶变黄造成早期落叶。

（三）病原

为一种真菌，属于半知菌，与苹果、葡萄炭疽病为同一病原。分生孢子盘圆形，孢子梗短，分生孢子顶生成囊，单生，长椭圆形，无色。分生孢子盘着生于外果皮表层 2～3 层细胞之下，孢子盘成熟后突破寄生表皮，放出分生孢子。

（四）发病规律

病菌以菌丝体在病果、病叶上越冬，成为翌年初次侵染来

源。核桃园附近有苹果树则发病重。病菌分生孢子借风、雨、昆虫传播，从伤口、自然孔口侵入，在25～28℃温度下，潜育期3～7天，一般幼果期易受侵染，7—8月发病重，并可多次进行再侵染。新疆核桃感病重、受害严重。发病的早晚、轻重与当年的雨量有密切关系，如雨季早、高温、湿度大、雨多则发病早且重；否则，发病晚、为害轻。

（五）防治方法

（1）及时清除病叶、病果，集中烧毁或深埋，以减少病原。

（2）发芽前喷5波美度石硫合剂，消灭越冬病菌。发病前期喷2～3次硫酸铜：石灰：水为1：2：200的波尔多液，或50%多菌灵800倍液，幼果期喷药很关键。

五、核桃溃疡病

主要为害枝条和主干。

（一）症状

在树干和主侧枝基部出现褐色或黑色近圆形溃疡斑，后扩大成长梭形病斑或水泡斑，破裂后流褐色液体，病斑干缩下陷，中部开裂，并散生许多小黑点，即病菌分生孢子器。潮湿时小黑点上溢出乳白色分生孢子角。

（二）发生规律

病菌主要以菌丝体在当年病皮内越冬，翌年4月气温上升到11.4～15.3℃时开始活动，5月下旬气温达28℃左右时，分生孢子大量形成，借风雨传播，多从伤口侵入，发病达高峰期。6月下旬气温30℃以上时，病害基本停止蔓延，入秋后温、湿度适宜时，病害再次发展，但没有春季重。

土壤贫瘠、土质黏重、排水不良、地下水位高、树体生长不良，则发病严重。管理粗放、不施肥、不修剪、冻害、虫害造成伤口多，树势弱，发病重。

（三）防治方法

防旱排涝，增施有机肥或种绿肥，改良土壤，增强树势。合理修枝整形，改善树冠结构，提高光能利用率。清除并烧毁病虫枝，减少感病来源。

枝干和主枝基部刷涂白剂。4 月、5 月、8 月各喷 1 次 50% 甲基托布津可湿性粉剂 200 倍液，或 80% “402 抗菌剂”乳油 200 倍液。刮去病斑枝皮至木质部或在病斑处横、纵割几条口子，涂刷 3 波美度石硫合剂，或 1% 硫酸铜液。

六、核桃褐斑病

（一）为害

属于真菌性病害，主要为害叶片，也为害果实和新梢，引起早期落叶、枯梢，影响树势和产量。

（二）发病规律

病菌在病叶或病枝上越冬，翌年春天从伤口或皮孔侵入叶、枝或幼果，5 月中旬至 6 月开始发生，7—8 月为发病盛期，多雨年份或雨后高温、高湿时发病迅速。叶片受害，先在叶片上出现近圆形或不规则形病斑，中间灰褐色，边缘暗黄绿色至紫褐色。病斑常融合一起，形成大片焦枯死亡区，周围常带黄色至金黄色。被害严重时 8 月病叶大量脱落，9—10 月重生新叶，开二次花，严重衰弱树势（图 8－5）。

（三）防治方法

（1）剪除病枝，清除病叶。

（2）药剂防治。发芽前喷 1 次杀菌剂，如 3～5 波美度的石硫合剂。

（3）生长季节（6 月上中旬及 7 月上旬）喷倍量式波尔多

图8-5　核桃褐斑病

液2~3次。

七、核桃轮纹病

（一）症状诊断

核桃轮纹病主要为害枝干，在枝干上形成坏死斑。病斑一般以皮孔为中心，先产生瘤状的突起，逐渐突起成褐色坏死，形成褐色近圆形的坏死斑，病斑外围常有黄褐色稍突起的晕圈，到后期，病斑边缘可产生裂缝。

在衰弱的树或枝上，病斑扩展比较快，多表现为凹陷坏死斑，突起不明显，外围亦有黄褐色稍隆起环。病斑后期或在两年生病斑上，逐渐散生有不规则小黑点。轮纹病多为零星发生，主要造成树势衰弱。

（二）发生特点

核桃轮纹病是一种高等真菌性病害，病菌主要在枝干病斑内越冬。翌年会在条件适宜时产生病菌孢子，一般借助风雨传播，从伤口或皮孔侵染为害。树势衰弱是导致该病发生的主要因素。

（三）防治技术

核桃轮纹病属于零星发生的病害，不必进行单独防治，通过加强栽培管理，强壮树势防病即可。个别轮纹病发生较重的果园，在发芽前结合其他枝干病害，喷施铲除性药剂兼防，即可有效预防该病发生为害。

八、核桃枯梢病

（一）症状诊断

核桃枯梢病主要为害枝梢，造成枝条枯死。病斑初期会出现近圆形的黑褐色小点，扩展后形成红褐色至黑褐色病斑，长圆形、梭形或长条形，稍凹陷。后期会在病斑表面散生很多小黑点。当病斑环绕枝条一周后，导致形成枝梢枯死。

（二）发生特点

核桃枯梢病是一种真菌性病害，病菌主要在枝梢病斑上越冬。翌年条件适宜时会溢出病菌孢子，借助风雨传播，从皮孔及各种伤口侵染为害。导致该病发生的主要条件是树势衰弱，多雨潮湿、伤口较多都能加重枯梢病的发生。

（三）防治技术

（1）加强果园管理。科学施用氮磷钾肥，增施农家肥等有机肥，培育壮树，提高树体抗病能力。结合冬剪，彻底剪除病枯梢，集中带到园外烧毁，消灭病菌越冬场所。

（2）休眠期喷药。发芽前全园喷施 1 次铲除性药剂，铲除树上越冬病菌。常用有效药剂有 30% 戊唑・多菌灵悬浮剂 300 ~ 400 倍液、45% 代森铵水剂 200 ~ 300 倍液、11% 硫酸铜钙可湿性粉剂 400 ~ 500 倍液、60% 铜钙・多菌灵可湿性粉剂 300 ~ 400 倍液等。

九、核桃白粉病

主要为害叶、幼芽和新梢，引起早期落叶和死亡。通常干旱季节和年份发病率高。

（一）症状诊断

核桃白粉病主要为害叶片，最明显的症状是叶片正反面形成薄片状白粉层，秋季在白粉层中生出褐色至黑色小颗粒。发病初期，叶片表面先产生不明显的白色粉斑，粉斑下叶片组织无明显异常变化；随着病情的发展，粉斑渐渐明显且逐渐扩大。病斑较多时，常常会相互连成片，使整个叶片表面布满较薄的白粉状物。

发病后期，白粉状物上逐渐有许多初黄色、渐变褐色、最后成黑褐色至黑色的小颗粒散生，有时产生小颗粒后白粉层消失或不明显。严重时，引起叶片早落，影响树势和产量。

（二）发生特点

核桃白粉病是一种真菌性病害，病菌在病叶上及树体枝干表面附着越冬。翌年7—8 月发病，从气孔多次侵染。如果在温暖潮湿的环境下更利于该病发生，雨季到来早的年份病害多发生早而较重，幼树比大树易受害。

（三）防治技术

1. 消灭越冬菌源

从落叶后到发芽前，先树上、后树下彻底清除落叶，集中深埋或烧毁，消灭病菌越冬场所。对往年白粉病发生较重的果园，在发芽前喷施 1 次铲除性药剂，杀灭在树体枝干上附着越冬的病菌。常用有效药剂有 2 ~ 3 波美度石硫合剂、30% 戊唑·多菌灵悬浮剂 300 ~ 400 倍液、45% 石硫合剂晶体 60 ~ 80 倍液等。

2. 生长期喷药

从果园内初见病斑时开始喷药，10～15天1次，连喷2次左右即可有效控制白粉病的发生和为害。常用的有效药剂有10%苯醚甲环唑水分散粒剂2 000～2 500倍液、12.5%烯唑醇可湿性粉剂2 000～2 500倍液、25%三唑酮可湿性粉剂1 500～2 000倍液、25%戊唑醇水乳剂2 000～2 500倍液、25%乙嘧酚悬浮剂1 000～1 200倍液、30%戊唑·多菌灵悬浮剂1 000～1 200倍液、40%腈菌唑可湿性粉剂6 000～8 000倍液、50%醚菌酯水分散粒剂2 000～3 000倍液、70%甲基托布津可湿性粉剂或500克/升悬浮剂800～1 000倍液等。

3. 合理施肥与灌水

合理施肥与灌水，提高抗病力，加强树体管理，增强树体抗病力。

十、核桃霜点病

（一）症状诊断

核桃霜点病主要为害叶片。初期会有不规则退绿黄斑产生于叶正面，没有明显边缘；继而黄斑上会逐渐出现边缘不整齐的褐色坏死斑点，叶背面病斑的颜色稍深；病斑在后期会扩展为近圆形的大斑，褐色至深褐色，中间颜色较淡，边缘色深，叶背面病斑颜色较正面深。潮湿时病斑表面会产生灰白色的霉粉状物。严重时，病叶会变黄脱落，甚至导致早期落叶。

（二）发生特点

核桃霜点病是一种真菌性病害，病菌主要在落叶上越冬。翌年条件适宜时，病菌孢子会借助风雨进行传播，从气孔或直接侵染为害。通风透光不良、多雨潮湿都有利于病害发生，树势衰弱的植株病害发生较重。

（三）防治技术

1. 加强果园管理

在落叶后到发芽前，彻底清除树上、树下的落叶，集中深埋或烧毁，消灭病菌的越冬场所。合理使用速效化肥，增施有机肥，培强树势，提高树体的抗病能力。科学修剪，合理密植，促使果园通风透光，创造不利于病害发生的环境条件。

2. 适当喷药防治

对于往年该病发生较重的果园，自病害发生的初期开始喷药，10～15 天 1 次，连喷 2 次左右即可有效控制霜点病的发生为害。常用有效药剂有 10% 苯醚甲环唑水分散粒剂 2 000～2 500倍液、25% 戊唑醇水乳剂 2 000～2 500倍液、30% 戊唑·多菌灵悬浮剂 1 000～1 200倍液、50% 多菌灵可湿性粉剂 600～800 倍液、60% 铜钙·多菌灵可湿性粉剂 600～800 倍液、70% 甲基托布津可湿性粉剂或500 克/升悬浮剂 800～1 000倍液、500 克/升多菌灵悬浮剂 800～1 000倍液、80% 代森锰锌可湿性粉剂 800～1 000倍液、70% 森锌可湿性粉剂 600～800 倍液、77% 硫酸铜钙可湿性粉剂 800～1 000倍液、80% 代森锌可湿性粉剂 600～800 倍液等。

第二节　核桃虫害

一、核桃举肢蛾

核桃举肢蛾属于鳞翅目、举肢蛾科。又名核桃黑。

（一）为害

以幼虫蛀入核桃果内，纵横穿食为害，被害果皮发黑，凹陷，核桃仁发育不良，干缩而黑。有的幼虫早期侵入硬壳内蛀食为害，使核桃仁枯干。有的蛀食果柄间的维管束，引起早期落果，严重影响核桃产量。

（二）形态特征

（1）成虫体长4～8毫米，体黑色，有金属光泽。头部褐色，被银灰色大鳞片；触角浅褐色，密被白毛。前翅基部1/3处有椭圆形白斑，2/3处有月牙形或三角形白斑，其他部分均为黑色，缘毛黑褐色；后翅被针形，缘毛长于翅宽。体腹面银白色。

（2）卵椭圆形，初产乳白色，渐变黄白色、黄色、浅红色，孵化前为红褐色。

（3）幼虫老熟时体长7.5～9.0毫米，淡黄白色，背面稍带红色。

（4）蛹体长4～7毫米，纺锤形，黄褐色。

（5）茧椭圆形，褐色，长8～10毫米，常附草末及细土粒。

（三）生活习性

在河北及山西1年发生1代，陕西1年发生1～2代，均以老熟幼虫在树冠下的土内、石块与土壤间结茧越冬。河北省越冬幼虫在6月上旬至7月下旬化蛹，盛期在6月下旬，蛹期7天左右。成虫发生期在6月上旬至8月上旬，盛期在6月下旬至7月上旬。幼虫6月中旬开始为害，老熟幼虫7月中旬脱果，盛期在8月上旬。越冬幼虫入土深度1～2厘米，以树冠荫蔽的土中较多。

成虫趋光性弱，多在树冠下部叶背活动、交尾。卵多产于两果相接的缝内，其次是萼洼。每雌能产卵30～40粒，卵经4～5天孵化。幼虫孵化后在果面爬行1～3小时，寻找适当部位蛀入果实，在青皮内纵横穿食为害，隧道内充满虫粪。早期被害果，青皮皱缩变黑，提早脱落。幼虫在果内为害期为30～45天。幼虫老熟后，脱果坠地入土结茧越冬。多雨潮湿的年份发生严重。

（四）防治措施

（1）农业防治。冬前刨树盘，将树冠下的土壤深翻，消灭越冬幼虫。8月前摘除被害果，消灭当年幼虫。

（2）树上药剂防治。在6月上旬至7月中旬，喷25%西维因500~700倍液或20%氰戊菊酯或2.5%溴氰菊酯乳油2 000倍液。每隔10~15天喷1次。

二、木撩尺蠖

木撩尺蠖属鳞翅目、尺蠖蛾科。又名木撩步曲，俗称小大头虫。

（一）为害

在我国华北、西北、西南、华中和台湾省均有分布。在太行山麓的河北、河南和山西的10余个县，有些年份曾大量发生，3~5天吃光树木和农作物叶子，严重威胁农林生产。寄主植物150余种，主要为害木撩和核桃。

（二）形态特征

（1）成虫。雌蛾触角丝状，雄蛾触角短羽状。前、后翅灰白色，近外缘有一串橙色及褐色组成的椭圆形斑，前翅7个，后翅5~6个，不明显；翅面有灰斑，灰斑的变异很大，前、后翅中室端部常各有1个大灰斑。

（2）卵。扁圆形，初为绿色，渐变为灰绿色，孵化前变暗绿色。卵块上覆一层黄棕色鳞毛。

（3）幼虫。老熟时体长约75毫米，为害核桃的幼虫多为淡黄褐色。体上散生颗粒状突起。头部密生粗颗粒，头顶两侧具峰状突起，头与前胸在腹面连接处具一黑斑。

（4）蛹。黑褐色有光泽。蛹体前端背面左右各有一耳状突起，每个突起由 6 ~ 7 瓣合成，边缘不整齐。腹末臀棘短而宽，肛孔与臀棘两侧各有 3 个峰状突起。

（三）生活习性

在华北地区每年 1 代，以蛹在树干周围的土中、梯田壁缝或碎石堆内越冬。成虫羽化期最早在 5 月上旬，7 月中下旬为盛知，8 月底为末期。7 月上旬至 8 月下旬幼虫孵化，孵化盛期为 7 月下旬至 8 月上旬，7 月上旬至 10 月下旬发生幼虫，7 月下旬至 8 月份为为害盛期。幼虫历期 45 天左右。

成虫不活泼，有较强的趋光性，多于 22 ~ 24 时活动，寿命 4 ~ 12 天。卵多产于粗糙的树皮缝内或石块上，每雌产卵量多为 1 000 ~ 1 500粒。卵期 9 ~ 11 天。初孵幼虫有群集性，可吐丝下垂，借风力转移为害，2 龄后分散为害，5 ~ 6 龄时食量猛增，树叶被吃光后，即转害大田作物。8 月中旬至 10 月下旬老熟幼虫坠地入土化蛹越冬。幼虫停留时以腹足和臀足抓紧枝条，全身竖起，似一短棍，所以称作“棍虫”。

木橑尺蠖在冬季少雪、春季干旱的年份发生轻。5 月的适量降雨有利于成虫羽化，幼虫发生量大。不同生态环境越冬死亡率也不同，阳坡死亡率高于阴坡，深山区低于浅山区，灌木丛生的荒山低于植被稀疏的荒山。

（四）防治措施

（1）蛹密度大的地区，在结冻前和早春解冻后，可人工刨蛹。

（2）成虫早晨不爱活动，可捕杀。成虫趋光性强，羽化盛期可用堆火或黑光灯诱杀。

（3）化学防治。喷药应在幼虫 4 龄前进行，即在成虫羽化盛期过后 23 ~ 25 天。有效的药剂有 25% 可湿性西维因 300 ~ 500 倍液、75% 辛硫磷 2 000倍液、2. 5% 溴氰菊酯乳油 2 000倍液等。

三、云斑天牛

云斑天牛属鞘翅目、天牛科。又名核桃大天牛。

（一）为害

幼虫在皮层及木质部钻蛀隧道，凡受害树大部枯死，是核桃树的毁灭性害虫。

（二）形态特征

（1）成虫。体长 57～97 毫米，体灰黑色。前胸背板有 2 个肾形白斑，小盾片白色，鞘翅基部密布黑色瘤状颗粒，鞘翅上有大小不等的白斑，似云片状。体两侧从复眼后方至最后一节有 1 条白带。

（2）卵。长椭圆形，略弯曲，长 8～9 毫米，淡土黄色。

（3）幼虫。体长 74～87 毫米，黄白色，略扁。前胸背板橙黄色，且有黑色点刻，两侧白色，有一半月牙形橙黄色斑块。后胸及腹部 1～7 节背面和腹面分别有瘤口。

（4）蛹褐色。

（三）生活习性

2 年 1 代，以成虫或幼虫在树干内过冬。陕西、河南等地，成虫于 5 月下旬开始钻出，啃食核桃当年生枝条的嫩皮，食害 30～40 天，开始交配、产卵。成虫寿命最长达 3 个月。卵多产在树干离地面 2 米以内处。产卵时在树皮上咬成长形或椭圆形刻槽，将卵产于其中，一处产卵 1 粒。卵经 10～15 天孵化。幼虫孵化后，先在皮层下蛀成三角形蛀痕，幼虫入孔处有大量粪屑排出，树皮逐渐外胀纵裂，被害状极为明显。幼虫在边材为害一个时期，即钻入心材，在虫道中过冬。来年 8 月在虫道顶端作 1 蛹室化蛹，9 月羽化为成虫，即在其中过冬。第三年核桃树发枝后，成虫从树干上咬一圆孔钻出。每次产卵 20 粒左右。

（四）防治措施

（1）成虫发生期，人工捕捉。

（2）成虫产卵后，有产卵刻槽，可用石头或铁锤砸卵槽，消灭卵或初孵幼虫。

（3）幼虫为害期，发现树干上有粪屑排出时，用刀将皮剥开挖出幼虫。或从虫孔塞入磷化铝片，每孔按剂量 0.2～0.3 克（每片 0.6 克，即 1/3～1/2 片），塞后用黏泥封闭。

四、核桃小吉丁虫

（一）为害

主要为害枝条。以幼虫蛀入 2～3 年生枝干皮层，或螺旋形串圈为害，故又称串皮虫。枝条受害，枯梢，树冠变小，产量下降。幼树受害严重时，易形成小老树或整株死亡。

（二）形态特征

（1）成虫。体黑色，有金属光泽，棱形，雌虫体长 6～7 毫米，雄虫体长 4～5 毫米。体宽约 1.8 毫米，头中部纵凹陷，触角锯齿状，复眼黑色。前胸背板中部稍隆起，头、前胸背板及翅鞘上密布点刻。

（2）卵。初产白色，1 天后变为黑色，扁椭圆形，长约 1.1 毫米。

（3）幼虫。体乳白色，老幼虫体长 12～20 毫米，扁平，头棕褐色，缩于前胸内，前胸特别膨大，中部有“人”形纵纹，尾部有 1 对褐色尾铗。

（4）蛹。为裸蛹，初乳白色，羽化前为黑色，体长约 6 毫米。

（三）生活习性

1 年发生 1 代，以幼虫在 2～3 年生被害植株越冬。6 月上旬至7月下旬为成虫产卵期。7月下旬到8月下旬为幼虫为害盛期。成虫喜光，树冠外围枝条产卵较多。生长弱、枝叶少、透光好的树受害严重，枝叶繁茂的树受害较轻。成虫寿命12～35天。卵期约10天，幼虫孵化后蛀入皮层为害，随着虫龄的增长，逐渐深入为害，直接破坏疏导组织。被害枝条表现不同程度的落叶和黄叶，能完全越冬。在成年树上，幼虫多为害2年、3年生枝条。受害枝条无害虫越冬，越冬害虫几乎全部在干枯枝条中。

（四）防治措施

（1）秋季采收后，剪除全部受害枝，集中烧毁。或在发芽后成虫蛹化前剪除，不能在核桃树休眠期剪枝，以防引起伤流。在成虫羽化产卵期，设立诱饵，诱集成虫产卵，烧毁。成虫羽化出洞前用药剂封闭树干。

（2）药剂防治。从5月下旬开始每隔15天用25%西维因600倍液或48%乐斯本乳油800～1 000倍液喷洒主干。在成虫发生期，结合防治举肢蛾等害虫，在树上喷洒50%杀螟松乳油或25%西维因600倍液。

五、核桃瘤蛾

又名核桃小毛虫，以幼虫为害核桃叶，通常发生时可以吃光树叶，造成树势减弱，枝条枯死，产量下降，是核桃树的一种暴食性害虫，通常周期性大发生。

（一）形态特征

成虫体长9～11毫米，翅展20～24毫米，体灰色。复眼黑色。前翅前缘至后缘有3条波状纹，有3块明显的黑褐色斑位于基部和中部。雄蛾的触角双相齿状，雌蛾为丝状。

卵呈扁圆形，直径0.2～0.3毫米，初产白色，后变黄褐色。幼虫体长12～15毫米，体形短粗而扁，头呈暗褐色，背淡褐色，腹部4～6节背面有白条纹，胸腹部1～9节背面有毛瘤，每节8个。蛹长10毫米，黄褐色。

（二）发生规律及习性

1年发生2代，以蛹茧在树冠下的土块或石块下、杂草内、树皮缝、树洞中越冬。5月中旬至6月上旬羽化，羽化盛期一般为6月上旬。6月中旬前后是产卵盛期，卵散产于叶背主侧脉交叉处，通常卵期为7天左右。成虫有趋光性。

幼虫3龄前不活动，在叶背面啃食叶肉，3龄后将叶吃成缺刻或网状，仅留叶脉，白天到树皮缝内或两果交接处隐蔽不动，晚上再爬到树叶上取食。7月上中旬是第1代老熟幼虫下树的盛期，蛹期一般9～14天。9月中下旬第2代幼虫全部下树化蛹越冬。

（三）防治方法

（1）在秋冬进行刨树盘、刮树皮及深翻树冠下的土壤，可将在树下越冬的大部分蛹茧消灭。

（2）利用幼虫白天在树皮缝隐蔽和老熟幼虫下树作茧化蛹的习性，在树干上绑草诱杀。

（3）利用成虫的趋光性，在成虫大量出现的6月上旬至7月上旬设黑光灯诱杀。

（4）在6—7月幼虫发生期喷2.5%功夫乳油3 000～4 000倍液、2.5%敌杀死乳油1 500～2 500倍液、50%杀螟松乳剂1 000倍液防治。

六、核桃扁叶甲

又称金花虫、核桃叶甲。以成虫和幼虫取食叶片，食成网状或缺刻，甚至将叶全部吃光，仅留主脉，形似火烧，严重的会对树势及产量有较大影响，有的甚至会导致全株枯死。

（一）形态特征

成虫扁平，略呈长方形，体长约7毫米，青黑色至黑色。前胸背板有不明显的点刻，两侧呈黄褐色，有较粗的点刻。

鞘翅点刻粗大，纵列于翅面，有纵行横纹。

卵是黄绿色，体黑色，老熟时长约10毫米。胸部第一节为淡红色，以下各节为淡黑色。蛹黑色，腹部第2～3节两侧为黄白色，胸部有灰白纹，背面中央灰褐色。

（二）发生规律及习性

1年发生1代。成虫在树干基部皮缝中或地面覆盖物中越冬。在华北成虫一般于5月初开始活动，云南等地通常在4月上中旬即上树取食叶片，并在叶背产卵，幼虫孵化后群集叶背取食，只残留叶脉。5—6月为成虫和幼虫的同时为害期。

（三）防治方法

（1）冬春季将树干基部老翘皮刮除烧毁，消灭越冬成虫。

（2）4—5月成虫上树时，用黑光灯诱杀。4—6月，喷10%氯氰菊酯8 000倍液防治成虫和幼虫，防治效果好。

七、草履蚧

又名草鞋蚧。我国大部分地区都有分布。该虫吸食汁液，致使树势衰弱，影响产量，严重时甚至使枝条枯死。被害枝干上会形成一层黑霉，受害越重黑霉越多。

（一）形态特征

雌成虫无翅，扁平椭圆，灰褐色，体长10毫米，形似草鞋。雌成虫长约6毫米，翅展11毫米左右，紫红色。触角黑色，丝状。卵为暗褐色，呈椭圆形。幼虫与雌成虫相似。雄蛹为圆锥形，长约5毫米，淡红紫色，外背白色蜡状物。

（二）发生规律及习性

1 年发生 1 代，卵在树干基部的土中越冬。卵的孵化早晚受温度影响。

初龄若虫行动迟缓，天暖上树，天冷回到树皮缝隙或树洞中隐蔽群居，最后到一二年生枝条上吸食为害。雌虫变为成虫需要经三次蜕皮，雄虫第二次蜕皮后不再取食，下树在树皮缝、杂草、土缝中化蛹。蛹期一般 10 天左右，羽化期在 4 月下旬至 5 月下旬，与雌虫交配后死亡。雌成虫 6 月前后下树，在根颈部的土中产卵后死亡。

（三）防治方法

（1）于 3 月初若虫上树之前将树干基部的老皮刮除，涂宽约 15 厘米的黏虫胶带，黏胶一般配法是石油沥青和废机油各一份，加热溶化后搅匀即成；如在胶带上再包一层塑料布，下端呈喇叭状，会有更好的防治效果。

（2）若虫上树前，用 6% 的柴油乳剂喷洒根颈部周围土壤。采果至土壤结冻前或翌年早春对树下进行耕翻，可在草履蚧出土前将其消灭，耕翻范围稍大于树冠投影面积，深度约 15 厘米。

（3）可在结合耕翻时将树冠下的地面上撒施 5% 辛硫磷粉剂，每亩用 2 千克，后翻耙使药土混合均匀。

（4）若虫上树初期，在核桃发芽后喷 48% 乐斯本乳油 1 000 倍液或 80% 敌敌畏乳油 1 000倍液。草履蚧的天敌主要是黑缘红瓢虫，不要在瓢虫孵化盛期和幼虫时期喷洒，喷药时避免用喷菊酯类和有机磷类等广谱性农药。

八、核桃缀叶螟

又名卷叶虫。以幼虫卷叶取食为害，严重时把叶吃光，影响树势和产量。

(一) 形态特征

成虫体长约18毫米，翅展40毫米，全身灰褐色。前翅有曲折的外横线和明显的黑褐色内横线。雄蛾前翅前缘的内横线处有褐色斑点。卵呈扁圆形，呈鱼鳞状集中排列卵块，每卵块有200~300粒卵。

老熟幼虫的体长约25毫米，头及前胸背板呈黑色，有光泽，背板前缘有6个白点。全身的基本颜色是橙褐色，黄褐色的腹部，有疏生的短毛。蛹呈黄褐或暗褐色，长约18毫米。茧长约18毫米，为扁椭圆形，形似柿核，红褐色。

(二) 发生规律及习性

一年发生一代，以老熟幼虫在土中做茧越冬，通常大多在距干1米的范围内，入土深度10厘米左右。化蛹期在6月中旬至8月上旬，幼虫通常在7月上中旬开始出现，7—8月期间是幼虫为害盛期。成虫白天静伏，夜间活动，在叶片上卵产。初孵幼虫群集为害，将很多叶片用丝黏结成团，幼虫在团内取食叶正面的果肉，留下叶脉并使下表皮呈网状；老幼虫夜间取食，白天静伏。一般树冠的上部枝和外围枝受害较重。

(三) 防治方法

(1) 于土壤封冻前或解冻后，将虫茧从受害的根颈处挖出，消灭越冬幼虫。

(2) 在幼虫为害盛期的7—8月，及时将受害枝叶剪除，消灭幼虫。

(3) 7月中下旬，选用灭幼脲3号2 000倍液或杀螟杆菌(50亿/克) 80倍液、25%西维因可湿性粉剂500倍液，或50%杀螟松乳剂1 000~2 000倍液，喷树冠，防治幼虫效果很好。

九、铜绿金龟子

又名硬壳虫、青铜金龟等，在全国各地均有分布，可为害多种核桃。幼虫主要为害根系，成虫则取食叶片、嫩芽、嫩枝和花柄等，将叶片吃成缺刻或吃光，对树势及产量产生影响。

（一）形态特征

成虫长为椭圆形，铜绿色，具有金属光泽，约18毫米。额头前胸背板两侧缘呈黄白色。鞘翅有4～5条纵隆起线，胸部及腹部位密生细毛，颜色呈黄褐色。足的胫节和趾节为红褐色。腹部末端的两节外露（图8－6）。

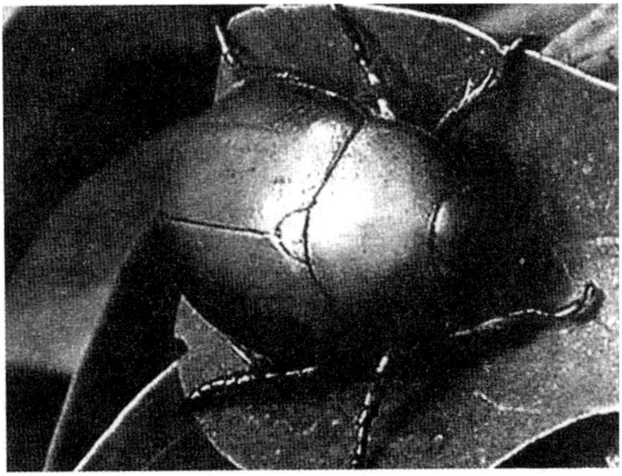

图8－6　铜绿金龟子

草履蚧卵圆球形，直径约1.5毫米，初产时是乳白色，接近孵化时逐渐变成淡黄色。幼虫体长约30毫米，头部黄褐色，胸部乳白色，腹部末节腹面除钩状毛外，有两列针状刚毛，每列16根左右。蛹长约18毫米，长椭圆形，初为黄白色后变为淡黄色。

（二）发生规律及习性

1年发生1代。以幼虫在土壤深处越冬，翌年春季幼虫开始为害根部，5月化蛹，5—8月开始出现成虫，为害盛期在6月。成虫有趋光性，常在夜间活动。

（三）防治方法

（1）因成虫具有强烈的趋光性，在其大量发生期，可用黑光灯诱杀；也可用电灯、可充电电瓶灯、马灯等诱杀。方法是：取一个大水盆（最好口径为52厘米左右），盆中央放4块砖，砖上铺一层塑料布，然后将电瓶灯或马灯放到砖上，并用绳将马灯与盆的外缘固定好，以防灯被风吹倒。用电灯时直接在盆上端10厘米处将灯泡固定即可。为防止金龟子从水中爬出，可以加少许农药在水中；或将糖、醋、白酒、水按1∶3∶2∶20的比例配成液体，加入少许农药制成糖醋液，装入罐头瓶中（液面达瓶的2/3为宜），挂在核桃园进行诱杀。

（2）利用成虫的假死性，人工振落捕杀。

（3）自然界中许多动物都有忌食同类尸体并厌避其腐尸气味的现象，金龟子也一样，所以可对其利用这一特点进行驱避。方法是：将灯光诱杀的或人工捕捉的金龟子捣碎后装进塑料袋中密封，置于日光灯下或高温处使其腐败，一般经过2~3天后，塑料袋就会鼓起且有臭鸡蛋的气味散出，此时将腐败的碎尸倒入水中，水量以浸透为度。用双层布过滤2次，最后将浸出液按1∶（150~200）的比例喷雾。此法对于幼树、苗圃效果特别好，喷后被害率可低于10%。

（4）药剂防治。发生严重时，可用下列任何一种农药喷施：75%辛硫磷乳剂1 500倍液或2.5%敌百虫粉剂喷杀成虫，防治效果均在90%以上。

（5）保护利用天敌。铜绿金龟子的天敌有刺猬、青蛙、寄生蝇、病原微生物、益鸟等。

十、核桃长足象

又名核桃果象甲，以成虫、幼虫为害核桃的果实。

（一）形态特征

成虫体为黑褐色，有光泽，密被棕色短毛，长约 10 毫米。头管粗，有小点刻密布，前胸背板有半圆形突起，后背板向后延伸成锥尖状，翅鞘上有凹凸成条的带状突起，肩角突出近方形，两翅前沿为圆弧形，足每节有稀疏点刻，并有白灰色短毛，腿节有一刺状距。

卵椭圆形，半透明，长约 1.2 毫米。幼虫白色，体肥胖，头部褐色，呈镰刀状弯曲，长 9 ~ 14 毫米。蛹黄白色，长约 10 毫米。

（二）发生规律及习性

1 年发生 1 代。以成虫在向阳处的杂草或土内越冬，个别的也有在枝杈上越冬。越冬成虫 4 月中下旬开始活动，成虫活动迟缓飞翔力差，有假死性，以嫩梢为食。成虫于 5 月上旬在幼果中产卵，可达 150 ~ 180 粒，卵的孵化期为 6 ~ 8 天。

幼虫为害盛期在 6 月中旬至 7 月初，初孵的幼虫向果内蛀食，使种仁变黑，造成大量落果。幼虫期约为 50 天，受害核桃的青果皮上有明显的产卵孔可见。孔上有排出的虫粪和流出的汁液结成的堆积物。7 月初老熟幼虫在果中化蛹，经 10 ~ 12 天，羽化为成虫，继续为害一段时期即进入越冬。

（三）防治方法

（1）最经济有效的防治方法是在幼虫害果期，每隔数日就要拾净全部落果，并进行集中烧毁，以消灭蛹、幼虫和尚未出果的成虫，并将根茎的粗皮刮去，消灭越冬成虫。

（2）展叶后，掌握成虫的活动盛期，及时喷洒 25% 西维因 800 倍液或 48% 乐斯本乳油 1 000倍液、50% 三唑磷乳油等进行喷雾。

（3）天南星、野棉花、半夏各 1 千克，加 10 千克水，煮沸过滤后用水稀释一倍喷雾。

十一、桃蛀螟

又称核桃钻心虫。以幼虫蛀食核桃果实，引起早期落果，或将种仁吃空，严重影响核桃产量和质量。

(一) 形态特征

成虫体长约12毫米，翅展26毫米。复眼，下唇与口器发达。全身橙黄色，散生黑色小斑，胸、腹部各节有2~3个黑斑，前翅25~26个，后翅14~15个黑斑。腹末黑色。

卵长0.6~0.7毫米，初产白色，后渐变为桃红色，呈椭圆形。老熟幼虫体长约25毫米，头及前胸背面为红褐色，其余皆为淡红色，各节有褐色大瘤点12个，足褐色。蛹红褐色，腹部末端有6根卷曲臀刺，长12~14毫米。

(二) 发生规律及习性

1年发生2代，以老熟幼虫在落果、树干基部的皮缝及玉米秆内吐丝绕身越冬。成虫有趋光性，还趋糖醋液，多伏于叶背面，活动、交尾、产卵均在夜间进行，白天和阴天一般不活动。卵一般散产于两果交接处。卵期为6~8天，第一代幼虫在6月上旬孵化（图8-7）。

图8-7　桃蛀螟

初孵幼虫经短距离爬行后即蛀入果内。受害果会有黄褐色透明胶汁从蛀孔分泌出来，与粪便混为一起附贴于果面上。幼虫期为15～20天，老熟幼虫通常在两果接缝处或果内化蛹。蛹期为8～10天，6月下旬至7月上旬羽化成虫，转换寄主，继续为害。以后约每隔1个月发生1代，直到9月幼虫老熟越冬。

（三）防治方法

（1）冬季刮树皮，树干涂白，收集烧毁核桃园内的落叶、残枝，清除越冬寄主，消灭越冬幼虫。

（2）5—8月在核桃集中栽培的地方，用糖醋液或装置黑光灯诱杀成虫。

（3）及时捡拾和采摘虫果进行集中深埋，消灭果内的幼虫。

（4）在越冬代成虫产卵和第一代幼虫初孵期的5—6月，用25%杀虫双水剂500～600倍液、20%杀灭菊酯乳油2 000～4 000倍液、50T杀螟松乳油1 000倍液喷雾，对成虫、卵及幼虫均有很好效果。

十二、舞毒蛾

又名秋千毛虫。食性杂，主要为害核桃、榆、柿、板栗、杨、柳、桑等树木，猖獗时能吃光成片林木的叶片。

（一）形态特征

成虫为雌雄异型。雄蛾体长约18毫米，翅展47毫米，头部黄褐色，复眼黑色，下唇须向前伸。前翅暗褐色或褐色，有深色锯齿状横线，中室中央有一黑褐色点，横脉上有一弯曲形黑褐色纹；前后翅反面黄褐色；后足胫节有2对距。雌蛾体长28毫米，翅展75毫米左右；腹部肥大，末端着生黄褐色毛丛；前翅为黄白色，横脉明显，具有一个“<”形的黑褐色斑纹，前后翅外缘每两脉间有一个黑褐色斑点。

卵呈圆形，两侧稍扁，直径1.3毫米，初期是杏黄色，以后转为褐色。卵聚产成块，上被黄褐色绒毛。幼虫老熟时头宽约6毫米，黄褐色，具“八”字形灰黑色条纹，体长50～70毫米。背线灰黄色，各体节均有毛瘤，共排成六纵列，气门下线一列毛瘤上的刚毛最长，灰褐色，背面两列毛瘤的上二列刚毛短、黑褐色；背上二列毛瘤色泽鲜艳，前5对为蓝色，后7对为红色。蛹体为红褐色或黑褐色，被有锈黄色毛丛，长19～34毫米。

（二）发生规律及习性

1年发生1代，以卵块在树皮缝、树干、枝、落叶层等处越冬。幼虫在翌年的4—5月孵化，6—7月老熟幼虫会在树洞内、树干上、枝叶间吐丝固定虫体化蛹。初孵幼虫毛长体轻，有群聚性，遇惊扰吐丝下垂，可借风远距离传播，故称秋千毛虫。白天潜藏在树下的杂草丛、石块间或树皮缝内，傍晚后则成群上树为害。幼虫的迁移能力很强，饥饿时可远距离转移。雄成虫有趋光性，白天在林内翩翩飞舞，故称舞毒蛾。

（三）防治方法

（1）消灭越冬幼虫。利用舞毒蛾幼虫多群集越冬的习性，结合冬季修剪集中灭虫。在树干束草诱集幼虫越冬加以消灭。

（2）消灭初孵群集幼虫及摘除卵块。

（3）灯光诱杀成虫。

（4）化学防治。在各代幼虫群集时和越冬幼虫有50%活动时喷药。常用化学药剂有2.5%功夫乳油3 000～4 000倍液；20%灭扫利乳油2 000～3 000倍液；90%晶体敌百虫1 000～1 200倍液；50%杀螟松1 000倍液；50%敌敌畏乳剂1 200～1 500倍液。

十三、黄刺蛾

又名刺毛虫、洋辣子等。杂食性害虫，幼虫除取食核桃树叶片外，还为害枣、桃、刺槐、柿、苹果、梨等各种树木达120

种以上，是林木及经济林的重要害虫。

（一）形态特征

成虫全体基本为黄色，体长 13 ~ 16 毫米，翅展 30 ~ 34 毫米，前翅的内半部为黄色，外半部是褐色。有两条呈暗褐色的斜线，在翅尖上汇合于一点，呈倒“V”字形内面一条伸到中室下角，为黄色和褐色的分界线。

卵黄白色，扁椭圆形，长 1.4 毫米，宽约 0.9 毫米。幼虫黄绿色，体长 25 毫米左右，体背有一前后宽、中间细的紫褐色大形斑，并有许多突起的有毒枝刺，人的皮肤接触后会引起剧烈疼痛和奇痒。蛹黄褐色，椭圆形，长约 12 毫米。茧长 11.5 ~ 14.5 毫米，灰白色，质地坚硬，表面光滑，茧壳上有几道褐色长短不一的纵纹，形似雀蛋。

（二）发生规律及习性

1 年发生 2 代。以老熟幼虫在分权处、树干粗皮上或树枝上结茧越冬。在 1 年发生 1 代的地区，翌年 5—6 月化蛹，6 月中旬出现成虫，在叶背面产卵，散产或数粒、数十粒连产。成虫夜间活动，有趋光性。

7 月中旬至 8 月下旬出现幼虫，初孵的幼虫取食卵壳，然后在叶背群集啃食下表皮及叶肉，呈圆形透明小孔。长大后分散为害，常会吃光叶片，仅残留叶柄。1 年发生 2 代者，于 5 月下旬至 6 月上旬开始出现越冬代成虫，7 月上旬是第 1 代幼虫为害盛期，8 月上中旬是第 2 代幼虫为害盛期，至 8 月下旬幼虫老熟，在树上结茧越冬。

（三）防治方法

（1）剪除虫茧。冬季结合修剪果园，将虫茧剪除；也可以结合保护天敌，将虫茧堆集到纱网中，让寄生蜂羽化飞出，寄生。

(2) 喷药防治。应掌握在幼虫2～3龄阶段进行药杀为好。幼虫孵化盛期喷洒50%敌敌畏1 000倍液、10%吡虫啉可湿性粉剂2 000倍液、90%敌百虫1 500～2 000倍液或5%锐劲特浓悬乳剂1 500倍液，此外，选用2.5%敌杀死乳油1 500～2 500倍液、2.5%功夫乳油3 000～4 000倍液与前两种药剂混用或单独使用，都会收到不错的防治效果。

(3) 灯光诱杀。刺蛾成虫一般都会有较强的趋光性，可以在成虫羽化期间安置黑光灯诱杀成虫。

(4) 保护天敌。苗期天敌有黑小蜂、上海青蜂及姬蜂，螳螂是其成虫期的天敌，幼虫期有病菌感染，在除茧时注意保护寄生蜂类天敌。

十四、银杏大蚕蛾

又叫核桃楸大蚕蛾。幼虫为害核桃楸、苹果、柿、银杏等树种，能吃光树叶，对核桃的生长和结实产生严重影响。

(一) 形态特征

成虫为深褐色或红褐色，翅展105～135毫米，前翅自翅顶至后缘有2条棕褐色波状纹，前翅中央有银灰色斜纹，斜纹外缘有一个半月形斑纹，后翅近外缘有3条波状线，中央有一个黑色圆形眼状斑（图8-8）。

图8-8　银杏大蚕蛾

卵呈圆形，淡绿色。幼虫幼龄时为黑色，渐变为灰草绿色，老熟幼虫银灰色，密生白色长毛，并间杂有黑色毛，腹面褐色或黑色，中间有一条白带，体长约 100 毫米。蛹呈暗褐色，茧黑褐色，长椭圆形，网状，长约 50 毫米。

（二）发生规律及习性

1 年 1 代以卵越冬。4—5 月幼虫孵化，蚕食叶片，老熟幼虫在 6—7 月吐丝缀叶结茧化蛹越夏，常见的化蛹场所为林冠下杂草、枝条叶丛、灌木等。9 月成虫出现，在枝干下方或分杈处的下侧产卵，卵呈块状。成虫有趋光性。

（三）防治方法

（1）人工防治。刮卵块、采摘蛹茧及捕捉幼虫。

（2）生物防治。保护和利用寄生天敌。

（3）化学防治。喷洒 2.5% 功夫乳油 3 000～4 000 倍液、50% 敌敌畏 600～1 000倍液、15% 杜邦安达悬浮剂 3 500～4 000 倍液，防治幼龄幼虫效果良好。

第三节　核桃病虫害防治技术

一、核桃病虫为害的特点与防治的基础性措施

（一）搞好果园卫生是防治核桃病虫害的重要基础措施

核桃为多年生栽培植物，果园建成后，病虫种类和数量逐年累积，多数病菌和害虫就地在本园（本地）越冬，病虫害一旦在本园（本地）定殖就很难根除。且核桃受病虫为害，不仅对当年果品产量和质量有影响，且影响以后几年的收成。搞好果园卫生、清除田间菌源、降低害虫越冬基数是防治核桃病虫害的重要措施之一。

（二）防治虫害是防治某些病害的重要措施之一

一种核桃会受到多种病虫为害，虫害严重发生时常常诱发

某些病害严重发生。一些害虫是某些病毒病害和类菌原体病害的传病媒介，一些害虫还能传播某些细菌病害，如核桃举肢蛾能够传播核桃黑腐病。

（三）核桃易出现营养缺乏

核桃多年在一地生长、开花、结果，长期从固定一处土壤中吸取营养，如不注意改良土壤、增施有机肥料，易出现营养缺乏，尤其是易因某种微量元素缺乏而出现相应的生理病害。

（四）很多危险病虫害可通过繁殖材料进行远距离传播

核桃一般采用嫁接、插条、根蘖苗等方法进行无性繁殖。病毒病害和类菌原体病害都能通过无性繁殖材料进行传染，给病毒病害和类菌原体病害的防治及防止扩大蔓延带来很大困难。苹果的很多病毒病害、苹果锈果病、枣疯病等可通过无性繁殖材料传播、扩大蔓延。培育无毒、无病苗木是核桃生产中亟须解决的问题。

很多危险病虫害可通过苗木、接穗等繁殖材料进行远距离传播，严格植物检疫是防止危险病虫传入尚未发生地区的关键措施。

（五）加强栽培管理，强壮树势，可防止病害发生、蔓延

核桃进入结果期后，常由于结果过多而肥水管理跟不上，使树势急剧减退，抗病能力下降，使潜伏在枝干上的病菌特别是腐生性较强的一类病菌迅速扩展为害。加强栽培管理，培育壮树应加以重视。

（六）非侵染性病害常为侵染性病害发生创造有利条件

核桃的不同类别病害之间关系密切，往往互为因果。非侵染性病害常为侵染性病害创造了发生发展的有利条件。侵染性病害的发生会降低核桃对不良环境条件的抵抗力。

（七）核桃根系病害防治困难

核桃的根系非常庞大，入土也较深，常因缺氧而窒息，妨害根系的正常生命活动，在土壤黏重、地下水位较高、低洼湿涝地的果园更突出。根系生命活动减弱必然影响地上部的生活力，根部本身也易招致寄生菌和腐生菌的侵染。由于根系在地下，对根部病害的防治一般较地上部病害困难。

二、核桃病虫害防治方法

核桃病虫害防治的基本方法有植物检疫、农业防治、生物防治、物理防治和化学防治。

（一）植物检疫

（1）概念。植物检疫是国家保护农业生产的重要措施，它是由国家颁布条例和法令，对植物及其产品，特别是苗木、接穗、插条、种子等繁殖材料进行管理和控制，防止危险性病、虫、杂草传播蔓延。

（2）植物检疫的主要任务。

①禁止危险性病、虫、杂草随着植物或其产品由国外输入和由国内输出。

②将在国内局部地区已发生的危险性病、虫、杂草封锁在一定的范围内，不让它传播到尚未发生的地区，并且采取各种措施逐步将其消灭。

③当危险性病、虫、杂草传入新区时，采取紧急措施，就地彻底清除。

（二）农业防治

农业防治是通过合理采用一系列栽培措施，调节病原物、寄主和环境条件间的关系，给核桃创造利于生长发育而不利于病原物生存繁殖的条件，减少病原物的初侵染来源，降低病害的发展速度，减轻病害的发生。农业防治是最基本的防治方法。

农业防治的主要措施有栽植优质无病毒苗木、选择抗病虫优良品种；搞好果园清洁，及时剪除核桃生长期病虫叶、果、枝，彻底清除枯枝落叶，刮除树干老翘裂皮，人工捕捉、翻树盘、覆草、铺地膜，减少病虫源，降低病虫基数；加强肥水管理、合理负载，提高树体抗病虫能力；合理密植、修剪、间作，保证树体通风透光；果实套袋，减少病虫、农药感染；不与不同种核桃混栽，以防次要病虫上升为害；果园周围 5 千米范围内不栽植桧柏，以防锈病流行；适期采收和合理储藏。

（三）生物防治

生物防治是利用有益生物及其产物来控制病原物的生存和活动，减轻病害发生的方法。如创造利于天敌昆虫繁殖的生态环境，保护、利用瓢虫、草蛉、捕食螨等自然昆虫天敌；养殖、释放赤眼蜂等天敌昆虫；应用有益微生物及其代谢产物防治病虫，如土壤施用白僵菌防治桃小食心虫；利用昆虫性外激素诱杀或干扰成虫交配。

（四）物理防治

利用各种物理因子、人工和器械控制病虫害的一种防治方法。可根据病虫害生物学特性，采取设置阻隔、诱集诱杀、树干涂白、树干涂黏着剂、人工捕杀害虫等方法。

(1) 设置阻隔。根据害虫的生活习性，设置阻隔措施，破坏害虫的生存环境以减轻害虫为害。如在防治核桃上的春尺蠖时，采用在核桃主干上涂抹黏虫胶、束塑料薄膜或树干基部堆细沙等办法阻止无翅雌虫上树产卵。

果实套袋能显著改善果实外观质量，使果点浅小、果皮细腻、果面洁净，可有效防治果实病虫害，减轻果品的农药残留及对环境的污染，是生产高档果品的主要技术措施。

（2）诱集诱杀。是利用害虫的趋性或其他生活习性进行诱集，配合一定的物理装置、化学毒剂或人工加以处理来防治害虫的一类方法。

①灯光诱杀：许多昆虫有不同程度的趋光性，利用害虫的趋光性，可采用黑光灯、双色灯等引诱许多鳞翅目、鞘翅目害虫，结合诱集箱、水盆或高压电网诱集后直接杀死害虫。

②食饵诱杀：是利用有些害虫对食物气味有明显趋向性的特点，通过配制适当的食饵，利用趋化性诱杀害虫。如配制糖醋液（适量杀虫剂、糖6份、醋3份、酒1份、水10份）可诱杀卷叶蛾等鳞翅目成虫和根蛆类成虫；撒播带香味的麦麸、油渣、豆饼、谷物制成的毒饵可毒杀金龟子等地下害虫。

③潜所诱杀：是根据害虫的潜伏习性，制造各种适合场所引诱害虫来潜伏，然后及时杀灭害虫。如秋冬季在核桃上束药带或束用药处理过的草帘，诱杀越冬的梨小食心虫、梨星毛虫和苹果蠹蛾幼虫等，可以减少翌年的虫口数量。

（3）树干涂白、涂黏着剂。树干涂白，可预防日烧和冻裂，延迟萌芽和开花期，可兼治枝干病虫害。涂白剂的配方为生石灰：食盐：大豆汁：水＝12：2：0.5：36。涂黏着剂可直接黏杀越冬孵化康氏粉蚧、越冬叶螨等出蛰上树为害的害虫。

（4）人工捕杀害虫。根据害虫发生特点和生活习性，使用简单的器械直接杀死害虫或破坏害虫栖息场所。在害虫发生初期，可采用人工摘除卵块和初孵群集幼虫、挑除树上虫巢或冬季刮除老树皮、翘皮等。剪去虫枝或虫梢，刮除枝、干上的老皮和翘皮能防治核桃上的蚧类、蛀干类及在老皮和翘皮下越冬的多种害虫。

（五）化学防治

化学防治指使用化学药剂来防治植物病害，作用迅速、效果显著、方法简便。但化学药剂如果使用不当，容易造成对环境及果品和蔬菜的污染，同时长时间连续使用同一类药剂，容易诱发病原物产生耐药性，降低药剂的防治效果。化学药剂的合理使用应注意药剂防治和其他防治措施配合。

第九章　核桃采收、贮藏与加工技术

第一节　核桃采后的商品化处理

一、采收

（一）采收日期

坚果树种与核果类及仁果类（苹果、梨等）树种不同，它有两个组成部分——可食用的核仁与青果皮。只有青果皮成熟后才易于采收，而核仁与青皮不一定同步成熟，这主要与气候有关。在冷凉气候下，青果皮离核加快，而气温高时核仁成熟较快。理论上核桃采收期是坚果内隔膜刚变棕色时，此时为核仁成熟期，采收的核仁质量最好。生产上核桃果实成熟的标志是青果皮由深绿变为淡黄，部分外皮裂口，个别果实脱落，此时为采收适期。核桃在成熟前 1 个月内果实大小和坚果基本稳定，但出仁率与脂肪含量均随采收时间推迟呈递增趋势。

目前，我国核桃掠青早采现象相当普遍，有的地方 8 月初就采收核桃，从而成为影响核桃产量和降低坚果品质的重要原因之一，应该引起各地足够重视，制定统一采收适期。

（二）采收方法

采收核桃的方法分人工采收法和机械振动采收法两种。人工采收法是在核桃成熟时，用有弹性的长木杆或竹竿，自上而下，由内向外顺枝敲击，较费力费工。在国外，近年来试用机械振动法采收核桃。

二、脱青皮

核桃脱青皮的方法有堆沤脱皮和药剂脱皮两种。堆沤脱皮是我国核桃脱皮的传统方法。其做法是核桃采收后随即运到荫蔽处，或通风的室内，带青皮的果实避免在阳光下直晒，因为怕发热使核仁变色。果实堆积厚度80厘米，上面覆盖蒿草20厘米厚，一般经3~5天，当青皮发泡或出现绽裂时，及时用小刀脱皮。堆沤时间长短与成熟度有关，成熟度越高，堆沤时间越短。药剂催熟脱皮法，是当核桃采收后用浓度为3 000~5 000毫克/千克的乙烯利溶液浸半分钟，或随堆积随喷洒，按50厘米左右厚度堆积，在温度为30℃左右，相对湿度80%~90%的条件下，经2~3天即可脱皮，此法不仅时间短，工效高，而且还能显著提高果品质量。在应用乙烯利催熟脱皮过程中，为提高温湿度，果堆上可以加盖一些干草，但忌用塑料薄膜之类不透气的物质蒙盖，不能装入密闭的容器中。

三、清洗

为了提高核桃的外观品质，脱皮后要及时洗去坚果表面残留的烂皮、泥土及其他污物。洗涤方法通常是把刚脱皮的坚果装入筐内，将筐放在水池或流水中，搅拌5分钟左右，捞出摊放于席箔上晾晒。

四、坚果干燥

贮藏的核桃必须达到一定的干燥程度，以免水分过多而霉烂，坚果干燥是使核壳和核仁的多余水分蒸发掉。坚果含水量随采收季节的推迟而缩短。干燥后坚果（壳和核仁）含水量应低于8%，高于8%的核仁易生长霉菌。生产上以核桃内隔膜变为褐色，仁油黏手为标准。

我国核桃干燥方法有日晒和烘烤两种。刚冲洗干净的湿核桃不能立即置于烈日下暴晒，应摊放在竹（或高粱）箔上晾半天，待大量水分蒸发后再摊晒。晾晒时，果实摊放厚度以不超过两层果实为宜，一般5~7天即可晾干。

云南等南方核桃产区，由于采收季节多阴雨天气，日晒干燥受限制，自20世纪60年代以来采用了各种形式的烘烤房干燥办法。烘房有进排气孔，烘架上摊放果实厚度不超过15厘米，烘房温度在先低后高，果实烘烤后到大量水气排除之前，不要翻动烘架上的果实。但接近干燥时要勤于翻动，方能干燥均匀。当坚果相互碰撞时声音脆响，砸开果实其横隔膜极易折断，核仁酥脆，坚果含水量不超过8%，就达到要求。

五、核仁化学成分及采后生理

（一）化学成分

蛋白质约占核仁干重的15%，主要氨基酸成分是：苯丙氨酸、异亮氨酸、缬氨酸、蛋氨酸、色氨酸、苏氨酸、赖氨酸和组氨酸。糖为果糖、葡萄糖和蔗糖，以后两种为主。脂肪主要含有4种脂肪酸与糖醇和丙三醇结合成三酸甘油酯。核桃仁主要含不饱和脂肪酸，即在脂肪酸分子链上由二价碳原子相联结，约占整个脂肪酸的90%，其中，油酸占13%，有1个双键，亚油酸占65%，有两个双键，亚麻酸占12%，有3个双键。故核桃油的质量好，但同时也增加了被氧化的几率。

核桃仁的微量可溶性化合物尚有维生素C、苹果酸和磷酸以及各种氨基酸。其中，有两种蛋白质内不常发现的γ-氨基丁酸和瓜氨酸，γ-氨基丁酸是传递神经冲动的化学介质。

（二）采后生理

干燥核仁含水量很低，所以，呼吸作用很微弱。核桃脂肪含量高，占核仁的60%~70%，因而会发生腐败现象。在核桃贮藏期间，脂肪在脂肪酶的作用下水解成脂肪酸和甘油，因为核仁含水量很低，所以，分解速度很慢。甘油代谢形成糖或进入呼吸循环。脂肪酸因不同的组分可以进行以下几种反应：α－氧化、β－氧化、直接加氧（由脂肪氧化酶催化）和直接羟化，生成许多反应产物。低分子脂肪酸氧化生成醛或酮都有臭味，脂肪酸的双键先氧化为过氧化物，再分解成有臭味的醛或酮。油脂在日光下可加速此反应。坚果在21℃贮藏4个月就会发生腐败，而在1℃下经两年才开始显现。

降低核仁与氧之间的相互作用可减少腐败与臭味。将充分干燥的核仁贮于低氧环境中可以部分解决腐败问题。

核仁种皮的理化性质有保护作用，它含有一些类似抗氧化剂的化合物，这些化合物可首先与空气中的氧发生氧化，从而保护核仁内的脂肪酸不被氧化。

种皮抗氧化保护核仁的能力是有限的，且有种皮内单宁的氧化过程中转为深色。因此，脱壳核仁在贮藏过程中转为深色是氧化作用的结果。种皮氧化后变深色使核仁的外观品质降低，但却对保持核仁风味不变起到保护作用。

脱壳时，核仁因破碎而使种皮不能将核仁包严，故需在1.1～1.7℃下冷藏，保藏2年后仍不腐败。这是因为冷柜内氧气有限，且腐败反应在低温及黑暗中降低的缘故。

六、贮藏

核桃适宜的贮藏温度为1～2℃，相对湿度75%～80%。一般的贮藏温度也应低于8℃。坚果贮藏方法随贮藏数量与贮藏时间而异。数量不大，贮藏时间较长的，采用聚乙烯袋包装，在冰箱内1～2℃的条件下冷藏2年以上品质良好；若贮藏期不超过次年夏季的，装入尼龙网袋或布袋中低温贮藏。近年来又用塑料薄膜帐密封贮藏，在北方地区冬季由于气温低，空气干燥，在一般条件下不致发生明显的变质现象，所以，秋季入帐的核桃，不需要立即密封。从翌年2月下旬开始，气温逐渐回升时，开始用塑料膜帐进行密封保存。密封应选择温度低，空气干燥的时候。如果空气潮湿，核桃帐内必须加吸湿剂，并尽量降低贮藏室内的温度。

果帐内通入50%的CO_2或N_2对核桃贮藏有利，由于核桃在低氧环境中即可抑制呼吸，减少损耗，抑制霉菌的活动，还可防止油脂氧化而产生的腐败。

核桃贮藏中会发生鼠害或虫害，一般采用溴甲烷40～50克/立方米熏蒸库房3.5～10小时有显著防治效果。

第二节　坚果及核仁商品分级标准

核桃坚果及核桃仁最后变成商品投入市场，以品质、外观、大小决定着价格。我国加入WTO以后，为增强国际竞争力，这一环节也很重要。

一、坚果分级标准

坚果越大价格越高。根据外贸出口的要求，以坚果直径大小为主要指标，通过筛孔为三等。30毫米以上为一等，28～30毫米为二等，26～28毫米为三等。美国现在推出大号和特大号商品核桃，我国也开始组织出口32～36毫米核桃商品。出口核桃坚果除以果实大小作为分级的主要指标外，还要求坚果壳面光滑、洁白，干燥（核仁水分不超过4%），杂质、霉烂果、虫蛀果、破裂果总计不允许超过10%。

1987年我国国家标准局发布的《核桃丰产与坚果品质》国家标准中，以坚果外观、单果平均重量、取仁难易、种仁颜色、饱满程度、核壳厚度、出仁率及风味等八项指标将坚果品质分为4个等级，见下表。

表　核桃坚果不同等级的品质指标（GB 7907—87）

平均果重（克）	≥8.8	≥7.5	<7.5
取仁难易	极易	易	较难
种仁颜色	黄白	深黄	黄褐
饱满程度	饱满	较饱满	
风味	香、无异味	稍涩、无异味	
壳厚	≤1.1	1.2～1.8	1.9～2.0
出仁率	≥59.0	50.9～58.9	43.0～49.9

核桃坚果一般都采用编织袋包装。出口商品坚果根据客商要求，每袋重量为25千克，包口用针逢，并有每袋左上角标注批号。

二、核桃仁的分级标准

核桃仁主要依其颜色和完整程度划分为8级，也称“路”。

白头路：1/2仁，淡黄色（也称尖白）。

白二路：1/4仁，淡黄色。

白三路：1/4仁，淡黄色。

浅头路：1/2仁，浅琥珀色。

浅二路：1/4仁，浅琥珀色。

浅三路：1/8仁，浅琥珀色。

混四路：碎仁，色浅且均匀。

深四路：碎仁，深色。

第三节　核桃的深加工

核桃仁不仅含有丰富的蛋白质和脂肪，还含有大量的维生素和矿物质等，是理想的营养与医疗保健食品。为了满足市场需要，以核桃为原料加工成的食品越来越多。主要有以下几类产品：以核桃仁为原料的产品较多，其中罐头制品有甜味核桃仁、咸味核桃仁、琥珀核桃仁等，以坚果为原料的主要有五香核桃和椒盐核桃等产品。做糕点原配料的制品有桃仁月饼、核桃茯苓夹饼及各种糕点等。作糖果制品有核桃蘸、核桃奶糖、桃仁麻片等。作烤制食品配料的主要有夹心面包、各种高级蛋糕等。作饮料食品的主要有冰淇淋、果茶、雪糕等。还有将核桃仁经过蜜制后加入牛奶制品中制成各种乳制品。

一、核桃壳的深加工

（一）核桃壳超细粉

核桃壳的硬度比较大，不太容易破碎，这给处理带来了一定困难，但同时也正因其特性而带来巨大的商机。美国的研究者发现，将核桃壳进行超微粉碎制成超细粉后，有非常广泛的用途。

在金属清洗行业，经过处理后的核桃壳可以用作金属的抛光和清洗材料。例如，轮船和汽车的齿轮装置以及飞机的引擎、电路板等，都可以用处理后的核桃壳进行清洗。核桃壳被粉碎成极细的颗粒后具有巨大的承受力及一定的弹性、恢复力，所以，适合作为气流冲洗操作中的研磨剂。

在石油行业，松散地质部分和断裂地带的石油开采与钻探比较困难，这时可以将核桃壳超细粉用作堵漏剂进行填充，以利于钻探或开采的顺利进行。

在高级涂料行业，将加工后的核桃壳添加在涂料中可使涂料具有类似塑料的质感，性能显著优于普通涂料。这种涂料可以涂在墙纸、砖、塑料以及墙板上，用以覆盖表面的裂痕。

在炸药行业，炸药制造者在炸药里加入核桃壳超细粉，与其他添加物一起大大增加了炸药的威力。

在化妆品行业，核桃壳超细粉作为纯天然物质，安全无毒，所以可作为一种粗糙的沙砾般的添加剂，用在牙膏、肥皂以及其他一些护肤品里，效果也是非常理想的。

核桃壳超细粉的加工方法主要有以下几类：一是磨介式粉碎，指借助与运动的研磨介质产生的作用力进行粉碎的方法。这种方法的代表设备有搅拌磨、球磨机等。磨介式粉碎的特点是产品颗粒程度较大而且很不均匀。二是机械剪切式超微粉碎。这种方式常用于柔性物料和韧性物料的加工。三是气流式超微粉碎。它是将超音速气流作为颗粒的载体，使颗粒之间随着气流的运动相互碰撞，从而达到粉碎的目的，其类型有循环管式、扁平式、对喷式等。气流式超微粉碎的产品粒度比较均匀，而且温度上升比较低。根据核桃壳的性质，制取核桃壳超细粉采用气流式超微粉碎法，会有比较理想的效果。随着用途的不断扩大，核桃壳的市场也会越来越大，价值甚至会超过核桃仁。

（二）核桃壳其他用途

因为核桃壳的质地厚实坚硬，所以是生产活性炭（医用、食品）和木炭的最佳原料。把核桃壳粉碎成 2.5～15 毫米的碎片，在 810℃下活化 150 分钟，可制得优良活性炭。

以核桃壳为原料提取食用棕色素，为了取得较好效果，可以用含水乙醇为溶剂进行提取，且操作简便；核桃壳棕色素具有良好的耐热性和抗氧化性并带有淡淡的香味；提取后的残渣还可用于活性炭的制取，这是提高核桃壳利用率的有效途径。关于核桃壳棕色素的结构及作为天然色素的类属以及其提取成本的核算等内容，有待于进一步探讨。

核桃壳亦可以用于干馏生产，其主要产品有核桃壳焦油。将核桃壳焦油进行真空蒸馏加工后，可以制成蜊抗聚剂，此产品可满足合成橡胶工业生产的需要；将木材生产的抗聚剂用核桃壳焦油生产的抗聚剂代替，不仅有效减少了木材消耗，也相应减少了对森林的破坏，从而有利于环境保护。

二、核桃仁的深加工

（一）核桃油

核桃属于小宗特种油料，制取方法必须根据其特性选择合适的，既要保持核桃油的天然品质又要避免核桃蛋白的变性。目前国内外对核桃油制取方法的研究比较多。目前被采用的方法有多种，其中主要有压榨法、水代法、有机溶剂萃取法、超临界二氧化碳流体萃取法。

压榨法分螺旋压榨法和液压法两种。因为核桃仁的含油量高达65%～70%，且纤维状物质很少，所以很难用机榨制油。如果不添加其他辅料的话，榨膛内就没有办法达到榨油所需要的压力，使核桃饼跟核桃油没有办法分离，从而会呈酱状一起被挤压出来，而无法制取核桃油。为了克服这个问题，可以采用螺旋榨油机。制取核桃油时，在核桃仁中添加部分核桃壳，这样就会比较容易将核桃油压榨出来，只是这样会导致榨取的油中杂质过多，更重要的是核桃饼不能再利用。传统的液压制油可以制取核桃油，但因为劳动强度太大，效率过低，无法实现产业化生产。1995 年，有人采用自行研制的壳仁分离机对核桃原料进行处理后，再将核桃仁通过两次冷压榨制取核桃油。该方法工艺路线短，操作方便且设备配套简单，投资少，见效快，能较好地保存核桃油的营养成分，油品佳，风味独特，无溶剂残留。

2004 年有报道称核桃仁经脱皮、烘干、破碎处理后采用液压法提取核桃油在工艺是完全可行的。核桃饼中的残油率在 8%以下，所得核桃油的各项指标经过精炼以后均符合国家相关标准。具体操作时不用在加工过程中添加硬壳等副料，只要通过控制好压力、压榨次数以及压榨时间等就可以有效控制核桃油提取率，从而使脱脂核桃饼符合特定加工的需要。

乙烷萃取核桃油可以实现大规模生产，但其不足之处在于脱溶过程中的温度太高，会影响核桃粕和核桃油的品质，如果采用丁烷和丙烷为主要成分的4号溶剂萃取核桃油，浸出过程和脱溶过程的温度都比较低，就可以避免核桃蛋白的变性。

根据油料的特性，还可以将压榨和萃取两种方法结合起来，这种应用方法也非常广泛。核桃油也可以采用水代法制取，但因为油料需要炒制，不仅对油的天然品质有影响，而且容易造成核桃蛋白变性，不利于核桃的综合利用。

核桃油含有很高的不饱和脂肪酸，可以达到90%左右，其中主要由油酸、亚油酸、亚麻酸组成。由于不饱和脂肪酸的含量高，比较容易氧化，而引起油脂氧化的主要原因是氧化反应和水解反应。温度和时间严重影响着核桃油的自氧化程度，且温度的影响要大于时间的影响，因此，核桃油应尽量在低温下贮藏。另外，对核桃油的毒性实验表明，核桃油安全无毒、可靠，可以长期食用。

但到目前为止，因为核桃的加工特性，特别是核桃蛋白相对于其他植物蛋白，对热比较敏感，其变性温度为67.5℃，相对来说比较低。而蛋白一旦变性，其亲水性、乳化性等物化特性就会降低。同时生产工艺技术上还存在一些难点，如核桃去皮、风味保持、脂肪上浮、蛋白质沉淀、提高物料利用率等，都需要继续研究开发。

（二）核桃乳的生产技术

随着人民生活水平的日益提高，对保健营养食品的需求越来越大。动物蛋白有较高的营养价值，但价格昂贵，且因为含有较多的胆固醇，所以若大量摄取动物蛋白易导致高血压、动脉硬化、肥胖病等诸多现代“文明病”。

核桃是一种营养丰富的食品原料，含有丰富的核黄素、卵磷脂、微量元素、维生素、氨基酸及大量不饱和脂肪酸等，但不含胆固醇。所以食用核桃可以防止机体早衰，促进脑细胞发育，防止动脉硬化，减少胆固醇的合成，是一种比较理想的营养保健食品。

这里介绍的核桃乳具有极高的营养价值，且有浓郁的核桃香味，口感柔和细腻，入口滑爽，比其他饮料有更强更独特的优越性，特别是因为采用了一种新糖源作为甜味剂，对钙、铁吸收不良者有较好的食疗效果，更适合婴幼儿、青少年、老年人食用，如果正常人经常食用，也会对增强体质、抵抗疾病有很好的效果。同时，因为采用国际先进的加工工艺生产核桃乳，可以最大程度保护和利用核桃中的有效成分，产品饮用方便，冷热皆宜，既可解渴又能充饥，营养丰富，价格适宜，市场前景十分广阔。

1. 核桃仁的选择

选择品种优良，成熟度好，饱满充实的核桃仁，剔除泥沙、叶梗及虫咬、霉变的核桃仁。

2. 磨浆

一是将核桃仁浸泡在0.2%～0.5%的小苏打水中，通常冬季要浸泡6～8小时，夏季浸泡2～4小时，春秋季浸泡4～6小时。要保证浸泡好的核桃仁掰开后没有白色硬心。沥去碱水后要用清水将仁漂洗干净。

二是生产核桃露的配料用水要求为软水，用0.05%小苏打调节其pH值。

三是用砂轮磨浆，磨浆水温一般在80℃左右，核桃仁和磨浆水的比例为（1：10）～（1：15）。

四是过滤，砂轮磨一般用尼龙滤网过滤，其过滤目数为100～150目，如有离心过滤机，核桃浆可在砂轮磨过滤后直接进入下道工序；如果没有离心过滤机，核桃浆可在砂轮磨过后，用250目的尼龙滤网过滤。

3. 预热

把核桃浆加热到95℃左右，5分钟以后，再用250目的离心过滤机过滤一遍。

4. 调配

一是用2～3倍的沸水将白砂糖溶解，糖浆用过滤机过滤后备用（或用150～200目的尼龙滤网过滤）。

二是用30～50倍的沸水将稳定剂搅拌溶解10～15分钟，并趁热用胶体磨一遍（或用高速乳化溶解稳定剂稳定10分钟），之后将其加入核桃浆中，搅匀成混合核桃浆。稳定剂的用量要根据核桃的用量而定，核桃用量大，稳定剂用量就要相应增大；但如果核桃用量少，同时增加稳定剂用量时，可以明显提高产品的稠度感。

三是将异维生素C钠、一基麦芽酚、香精等分别用适量温水溶解，再加入调配罐中。加无菌水定容，充分搅匀，通蒸汽加热至75～80℃。

5. 灭菌

采用超高温瞬时灭菌，出料温度控制在70～75℃。

6. 胶磨、均质

此时已经调配好的核桃浆即可进行胶磨、均质，通常情况下第一次均质压力可以低于第二次的压力，根据设备额定压力，均质效果以压力高为好，第一次压力20～25兆帕，均质温度为75～80℃。

7. 灌装、封口

常规灌装和封口。

8. 即时高压杀菌

杀菌公式为15－20－15分钟/121℃。如包装容器较大，则保温时间要长。

9. 产品质量要求

（1）感官指标色泽。呈乳白色或乳白色显微黄色；风味，具有核桃特有的香味、爽口、甜酸适中、无异味；组织状态为乳浊型，无分层，无沉淀；杂质不允许存在。

（2）理化指标。可溶性固形物（以折光计）含量为9%～10%；pH值为4.1；总糖含量为8.5%～9.3%。微生物指标：细菌总数（个/毫升）≤100；大肠杆菌（个/100毫升）<3；不得检出致病菌。

10. 操作流程

果品→脱青皮→洗果→去壳→精选核桃仁→磨浆→过滤→预热→调配精滤→胶磨→均质→超高温灭菌→灌装→封盖→二次灭菌→冷却→吹干→贴标→装箱→入库。

（三）核桃晶的加工技术

核桃营养丰富，香味美，以其为原料加工的核桃晶是一种新型的固体保健饮料，风味甘美，冲饮方便。核桃晶具体的加工技术如下。

1. 脱壳、去内衣、护色

首先人工去除外壳，用碱液将内衣洗去，洗时先用3%的碱液浸泡3～5分钟，然后迅速捞出冲净已被腐蚀掉的内衣和表面的碱液。核桃仁去内衣后，要立即投入2%～4%的盐酸里中和2～3分钟，然后放进0.1%柠檬酸+1%食盐的护色液中浸泡5分钟。果实从护色液中捞出后，投入沸腾的预煮液中预煮30分钟。

2. 糖浆制备

按配方比例（核桃40千克，白糖30千克，蛋白质400克，香兰素20克，麦芽糖20千克，维生素C 0.5千克，柠檬酸钠25克，黄原胶5千克，羧甲基纤维素钠50克，加水至100千克）将砂糖、蛋白糖、麦芽糖等加热溶解后，煮沸。

3. 研磨

把糖浆和果实混合，先用筛孔直径为5毫米的打浆机打浆，再用胶体磨细磨，转入搅拌缸中备用。

4. 配料、混合

称取香兰素、柠檬酸等混合均匀后，一起转入搅拌缸，开动搅拌器，使搅拌缸内的各种原辅料充分混匀。

5. 均质

启动均质机后，将其压力逐渐调整到7兆帕，使颗粒细度达到2微米以下，并充分乳化混合。

6. 脱气

为了防止浆料在干燥时因为混进空气而溢出烘盘，从而造成浪费，同时为了有利于提高干燥速度，均质后的浆料应该在真空度为0.095兆帕以上的真空中脱气。

7. 干燥

采用真空干燥，待真空度达0.079兆帕时，将阀门打开放气，为防沸腾时外溢浆料，要使真空度尽快上升至0.095兆帕以上。通常需要100～120分钟的干燥时间为在快要结束前的10分钟，将蒸气阀门关闭，随后通入冷水冷却至35℃以下出锅。

8. 粉碎、包装

将烘干后的核桃晶及时出锅，然后转入到相对湿度为40%～50%的条件下，在篮式搅拌离心粉碎机内粉碎，及时包装即成。

主要参考文献

李忠新. 2016. 中国核桃产业发展研究［M］. 北京：中国轻工业出版社.

刘群龙，等. 2015. 核桃管理技术三字经［M］. 北京：中国农业出版社.

张美勇. 2015. 薄壳早实核桃栽培技术百问百答［M］. 北京：中国农业出版社.

张鹏飞. 2015. 图说核桃周年修剪与管理［M］. 北京：化学工业出版社.